高等职业
上海市高等教育学会设计教育专
丛书

U0457276

软装陈设设计

俞洁 杨淑平 姚珏 黄志豪 编著

中国电力出版社
CHINA ELECTRIC POWER PRESS

内 容 提 要

软装陈设设计是环境艺术设计专业（室内设计方向）的重要组成部分。本教材以培养专业技能为目标，以实际的设计任务为教学载体，强调数字化教学模式的运用，系统地介绍了软装陈设设计的理论和实践知识。教材分三部分，共六章。第一部分简要介绍软装陈设设计的相关概念和风格的演变；第二部分紧密结合软装陈设设计的项目工作流程，讲解"设计调研和分析、设计方案制定、设计方案呈现"的主要知识内容和技能要点；第三部分通过实际项目解析，加深和提升对软装陈设设计实践的理解和认识。

本书每章后附"本章总结、课后作业、思考拓展、课程资源链接"内容，课程资源链接中包括课件、视频、软装设计方案等资料。本书适合作为高等职业院校和应用型本科院校的专业教材，以及专业设计人员的参考用书。

图书在版编目（CIP）数据

软装陈设设计 / 俞洁，等编著 . —北京：中国电力出
版社，2024.8
高等职业院校设计学科新形态系列教材
ISBN 978-7-5198-8870-1

Ⅰ . ①软… Ⅱ . ①俞… ①室内装
饰设计—高等职业教育—教材 Ⅳ . ① TU238.2

中国国家版本馆 CIP 数据核字（2024）第 086836 号

出版发行：中国电力出版社
地　　址：北京市东城区北京站西街 19 号（邮政编码 100005）
网　　址：http://www.cepp.sgcc.com.cn
责任编辑：王　倩（010-63412607）
责任校对：黄　蓓　王海南
书籍设计：锋尚设计
责任印制：杨晓东

印　　刷：北京瑞禾彩色印刷有限公司
版　　次：2024 年 8 月第一版
印　　次：2024 年 8 月北京第一次印刷
开　　本：787 毫米 ×1092 毫米　16 开本
印　　张：8.25
字　　数：243 千字
定　　价：58.00 元

高等职业院校设计学科新形态系列教材
上海市高等教育学会设计教育专业委员会"十四五"规划教材

丛书编委会

序一

党的二十大报告对加快实施创新驱动发展战略作出重要部署，强调"坚持面向世界科技前沿、面向经济主战场、面向国家重大需求，面向人民生命健康，加快实现高水平科技自立自强"。

高校作为战略科技力量的聚集地、青年科技创新人才的培养地、区域发展的创新源头和动力引擎，面对新形势、新任务、新要求，高校不断加强与企业间的合作交流，持续加大科技融合、交流共享的力度，形成了鲜明的办学特色，在助推产学研协同等方面取得了良好成效。近年来，职业教育教材建设滞后于职业教育前进的步伐，仍存在重理论轻实践的现象。

与此同时，设计教育正向智慧教育阶段转型，人工智能、互联网、大数据、虚拟现实（AR）等新兴技术越来越多地应用到职业教育中。这些技术为教学提供了更多的工具和资源，使得学习方式更加多样化和个性化。然而，随之而来的教学模式、教师角色等新挑战会越来越多。如何培养创新能力和适应能力的人才成为职业教育需要考虑的问题，职业教育教材如何体现融媒体、智能化、交互性也成为高校老师研究的范畴。

在设计教育的变革中，设计的"边界"是设计界一直在探讨的话题。设计的"边界"在新技术的发展下，变得越来越模糊，重要的不是画地为牢，而是通过对"边界"的描述，寻求设计更多、更大的可能性。打破"边界"感，发展学科交叉对设计教育、教学和教材的发展提出了新的要求。这使具有学科交叉特色的教材呼之欲出，教材变革首当其冲。

基于此，上海市高等教育学会设计教育专业委员会组织上海应用类大学和职业类大学的教师们，率先进入了新形态教材的编写试验阶段。他们融入校企合作，打破设计边界，呈现数字化教学，力求为"产教融合、科教融汇"的教育发展趋势助力。不管在当下还是未来，希望这套教材都能在新时代设计教育的人才培养中不断探索，并随艺术教育的时代变革，不断调整与完善。

同济大学长聘教授、博士生导师
全国设计专业学位研究生教育指导委员会秘书长
教育部工业设计专业教学指导委员会委员
教育部本科教学评估专家
中国高等教育学会设计教育专业委员会常务理事
上海市高等教育学会设计教育专业委员会主任

2023年10月

序
二

人工智能、大数据、互联网、元宇宙……当今世界的快速变化给设计教育带来了机会和挑战，以及无限的发展可能性。设计教育正在密切围绕着全球化、信息化不断发展，设计教育将更加开放，学科交叉和专业融合的趋势也将更加明显。目前，中国当代设计学科及设计教育体系整体上仍处于自我调整和寻找方向的过程中。就国内外的发展形势而言，如何评价设计教育的影响力，设计教育与社会经济发展的总体匹配关系如何，是设计教育的价值和意义所在。

设计教育的内涵建设在任何时候都是设计教育的重要组成部分。基于不断变化的一线城市的设计实践、设计教学，以及教材市场的优化需求，上海市高等教育学会设计教育专业委员会组织上海高校的专家策划了这套设计学科教材，并列为"上海市高等教育学会设计教育专业委员会'十四五'规划教材"。

上海高等院校云集，据相关数据统计，目前上海设有设计类专业的院校达60多所，其中应用技术类院校有40多所。面对设计市场和设计教学的快速发展，设计专业的内涵建设需要不断深入，设计学科的教材编写需要与时俱进，需要用前瞻性的教学视野和设计素材构建教材模型，使专业设计教材更具有创新性、规范性、系统性和全面性。

本套教材初次计划出版30册，适用于设计领域的主要课程，包括设计基础课程和专业设计课程。专家组针对教材定位、读者对象，策划了专用的结构，分为四大模块：设计理论、设计实践、项目解析、数字化资源。这是一种全新的思路、全新的模式，也是由高校领导、企业骨干，以及教材编写者共同协商，经专家多次论证、协调审核后确定的。教材内容以满足应用型和职业型院校设计类专业的教学特点为目的，整体结构和内容构架按照四大模块的格式与要求来编写。"四大模块"将理论与实践结合，操作性强，兼顾传统专业知识与新技术、新方法，内容丰富全面，教授方式科学新颖。书中结合经典的教学案例和创新性的教学内容，图片案例来自国内外优秀、经典的设计公司实例和学生课程实践中的优秀作品，所选典型案例均经过悉心筛选，对于丰富教学案例具有示范性意义。

本套教材的作者是来自上海多所高校设计类专业的骨干教师。上海众多设计院校师资雄厚，使优选优质教师编写优质教材成为可能。这些教师具有丰富的教学与实践经验，上海国际大都市的背景为他们提供了大量的实践机会和丰富且优质的设计案例。同时，他们的学科背景交叉，遍及理工、设计、相关文科等。从包豪斯到乌尔姆到当下中国的院校，设计学作为交叉学科，使得设计的内涵与外延不断拓展。作者团队的背景交叉更符合设计学科的本质要求，也使教材的内容更能达到设计类教材应该具有的艺术与技术兼具的要求。

希望这套教材能够丰富我国应用型高校与职业院校的设计教学教材资源，也希望这套书在数字化建设方面的尝试，为广大师生在教材使用中提供更多价值。教材编写中的新尝试可能存在不足，期待同行的批评和帮助，也期待在实践的检验中，不断优化与完善。

丛书主编

2023年10月

前言

　　软装陈设设计是室内设计的重要组成部分，旨在通过巧妙的摆设与搭配，为空间增添生机与魅力。在日益注重居住品质与舒适度的时代背景下，软装陈设设计的重要性愈发凸显。然而，这一领域的发展与应用并非止步于简单的美观搭配，更需要设计师具备对空间、色彩、材质、比例等方面的深入理解，以实现对空间环境的有效塑造。

　　本教材共分为三部分：软装陈设设计理论、实践和项目解析。

　　在设计理论部分，我们深入探讨了软装陈设设计的概念、原则和设计师的角色，以及软装陈设设计的演变和各种风格的概念，旨在帮助学生建立起对软装陈设设计的全面理解和认识。

　　在实践部分，我们以居住空间为例详细介绍了实践中的设计调研和分析、设计方案的制定，以及设计方案呈现的步骤和技巧，并对不同类型的公共建筑空间软装陈设设计特点进行了描述。希望通过这些实践案例的分析和讨论，学生可以更好地理解软装陈设设计的实际应用，并将理论知识转化为实践技能。

　　最后，我们提供了一系列软装陈设设计项目解析，包括家装和公装的不同风格案例，旨在通过具体项目的实例，深入探讨软装陈设设计的具体操作和实践经验，为学生提供更加直观和实用的学习参考。

　　我们希望本教材能够成为一本有用的设计资料，为学生和初学者提供一份系统的学习指导，激发他们对于设计的热情与创造力，共同探索出更多新颖、实用的设计理念与方法。

　　然而，我们也清楚地意识到，本教材可能存在一些内容上的不足，可能未能涵盖某些方面的重要知识点，或者在案例解析中存在着主观性或局限性。因此，我们诚挚地邀请读者在使用本教材的过程中，提出宝贵的意见和建议，以便我们不断改进和完善，为读者提供更加优质的学习资源。

最后，衷心感谢苏州金螳螂建筑装饰有限公司、上海歌斐木装饰设计有限公司、上海弓单设计咨询有限公司、江苏雄师艺术设计院有限公司、南京莫来视觉设计有限公司、南京蔓辰禹熙家居有限公司、江苏省建筑装饰设计研究院有限公司，以及唐余雄老师、潘林老师、程宏老师、孙娜蒙老师，设计师陈浩、设计师韩雪、设计师王太行，在编写过程中给予的帮助。他们的专业知识和经验为本教材增添了宝贵的内容和案例。

编者
2024年5月

目录

第一部分

软装陈设设计理论

第一章

软装陈设设计概述

软装陈设设计，作为室内设计领域的一个新兴分支，其名称在业界尚未形成统一认识。最初，这一领域被称为"陈设设计""室内装饰设计"或"软装设计"。2006年，中国室内装饰协会陈设艺术专业委员会经国家正式批准注册，标志着中国陈设艺术设计行业的迅速发展。由于市场对于室内陈设设计人才的需要，很多院校相继开设了相关课程，更深入地探讨生活美学和陈设艺术，旨在提升空间用户的生活品质。设计者将其视为生活艺术的组成部分，赋予生活艺术品以更高的价值。

　　在功能导向的室内空间设计中，软装陈设的审美价值正逐渐占据更重要的位置。伴随这一趋势，"家庭艺术""生活艺术""生活装饰"及"家庭时尚"等概念相继涌现。继宜家家居、无印良品、飒拉家居（Zara Home）、海恩斯—莫里斯家居（H&M Home）等国际品牌引领的生活方式家具进入市场之后，放家居（Found Home）、诺米生活（NOME）等国内品牌也在市场上逐步扩大影响力（图1-1）。同时，现代超市和百货商场亦增强了生活用品部门，设立专门的生活用品销售区域。

放家居　　　　　　　　　　　诺米生活

无印良品　　　　　　　　　　H&M家居店

图1-1　家居软装卖场

　　美是设计与装饰不断追求的目标，同样也是高品质生活环境的体现，室内空间的需求层次从早期的生理、安全，进而提升到社会性、自我意识与自我表现的层次（图1-2）。软装陈设设计作为一门融合空间与使用者文化背景、生活感受和价值观的专业学科，不但能够延续室内原有的设计风格，同时对于营造室内的空间氛围、意境等有着画龙点睛的效果。因此软装陈设设计成为人们生活中必不可少的一门艺术，是室内设计的关键环节（图1-3）。

刚需	改善	享受

低 ————————————————————————————→ 高

生理需求、安全需求	社交需求	尊重需求、自我实现
满足基本需求 维系自身生存	建立情感联系 舒适感需求	内在价值肯定 外在成就认可

图1-2 用户需求层次变化

📎 资源链接：软装改造前后效果
呈现

图1-3 软装改造前后
图片展示了空间在软装改造前后的差别。大块
的黑色沙发成了空间的中心点，它与白色的墙
壁形成鲜明对比，带来强烈的视觉冲击。黑色
的现代风格摇椅和木质扶手椅则为空间增添了
多样性和温暖的木色调，艺术画作和装饰品的
加入也为房间增添了个性和艺术氛围。软装的
加入明显提升了房间的居住质感，使其成为一
个更适合居住和休息的空间

第一节 软装陈设设计的概念

与"软装陈设设计"相近的名词有"软装""软装饰""布置装饰""家
庭装饰""陈设设计"。无论从历史脉络，还是从设计学、人类学、心理
学等领域角度探讨，要找出一个放之四海而皆准的对于"软装陈设设计"
的定义是有困难的。其设计内容随着时代的变化和人的思想观念的变化而
不断地发展。

分开来理解，软装和陈设都是空间装饰中非常重要的元素，两者在室内
设计领域有着细微的差别。软装主要是用来改变房间的氛围和风格，而陈设
则是用来美化空间、呈现个性化的创意及品味。但是在设计过程中，很多时
候二者是并行的，很难区别对待，难以分离，都兼具观赏和实用两大作用，
同时还有表现、创造、潜移默化地影响生活方式等意义（表1-1）。

表1-1 软装和陈设的差异性

差异性	软装	陈设
定义	软装指的是室内设计中可移动、更换的装饰元素，如窗帘、家具、地毯、灯具、挂画等。软装强调在室内空间中的美学和功能性，是室内设计的重要组成部分	陈设更倾向于指室内放置和排列的艺术，包括软装，但也延伸到摆放和展示的方式，如摆设的角度、组合与位置等。陈设强调的是物品的展示和布局艺术
作用	软装的作用是增加室内空间的舒适性、功能性和美观性，同时也反映了居住者的个性和风格偏好	陈设的作用在于增强空间的视觉吸引力和情感表达，通过物品的展示与布局传递特定的氛围或故事
选择	选择软装通常基于色彩、材质、尺寸和风格等方面的考量，以确保各个元素在功能和美学上相互协调	选择陈设物品时则更加关注于物品的表现力和话语性，如何通过摆放的物品讲述一个故事或者传达一种情感

差异性	软装	陈设
搭配	搭配软装时，设计师需要考虑空间的整体色调、风格和居住者的生活习惯，以实现既实用又美观的设计目标	搭配陈设则更注重细节和层次，考虑到物品之间的关系、空间的比例和节奏，以及如何引导观看者的视线和行动路径

一、软装设计

　　源自欧洲的软装设计广义而言脱胎自装饰艺术风格。装饰艺术风格是20世纪初至30年代的一种国际艺术与设计风格，以其对几何形状的强调、奢华材料的使用、大胆色彩组合以及现代感和奢华装饰的结合而闻名，广泛影响了建筑、家具、珠宝和时尚等领域，体现了技术进步与对美的追求。装饰艺术风格的建筑和设计作品，不仅展现了20世纪初期的技术进步和社会变革，也反映了那个时代对美的追求和对未来的乐观态度。软装设计继承了建筑和设计作品的审美特征和设计理念，而且在现代设计中继续发扬光大，影响着当代室内设计的方方面面。

　　软装设计是室内设计中硬装的互补，如果将建筑的主体结构设计视为硬装，那么软装便是对这一结构的进一步精细化处理。软装设计涉及装修完成后可轻易更换或移动的元素，如窗帘、沙发套、靠垫、工艺品以及装饰品等，这些元素负责室内的二次布局和装饰陈设（表1-2）。

表1-2 **软装和硬装的内容差别**

软装	硬装
家具： 包括沙发、椅子、桌子、床等家具。软装设计考虑到家具的风格、色彩、布艺等元素，以实现舒适、实用和美观的效果	**建筑结构和空间布局：** 硬装设计考虑到房间的布局、墙体结构、梁柱等基本元素，决定了空间的形状和功能分区
窗帘和窗饰： 软装涵盖了窗帘、遮阳帘、窗帘配件等，这些元素不仅影响光线的进入，还对整体空间氛围和风格产生影响	**墙面和天花板：** 硬装设计涉及墙壁和天花板的选择，包括涂料、壁纸、石膏线等，用于创造空间的整体外观
地毯和地板覆盖物： 地毯、地板、地砖等软装元素用于营造空间的舒适感，同时也是重要的装饰组件，影响整体色彩和质感	**地板和地面材料：** 选择硬装地板、地砖、石材等材料，以影响空间的整体质感和风格
靠垫和装饰枕： 软装设计包括靠垫、装饰枕等元素，它们不仅提供额外的舒适度，还在沙发、床等家具上增加色彩和图案	**嵌入式家具和橱柜：** 定制的嵌入式家具、橱柜等硬装元素是空间中的重要组成部分，直接影响存储和使用的便利性
灯具和照明： 灯饰是软装设计中的关键元素，通过不同的照明设计，可以调整空间的氛围和焦点	**装饰性建筑元素：** 包括门框、窗框、栏杆等装饰性的建筑元素，用于定义空间的结构和特征

图1-4　男孩房软装配置图
软装配置图是平面布局图的可视化设计，用于展示室内软装设计的预期效果，帮助设计师、客户以及其他利益相关者预览和理解一个空间设计的细节。通过展示家具和其他元素（如灯具、艺术品、地毯）之间的搭配，以及如何共同作用于空间美学，使得客户直观地感受设计的生活场景

软装设计是根据用户需求创造美观、舒适的环境和效率性空间，涉及搭配空间的色彩、形态、纹理以及选择家具和照明方案，还有画作、摆件等装饰要素，以创造舒适的环境。软装设计不仅仅是对产品的简单配置，而是在空间中营造出特定的氛围和感受，实现空间的整体协调。这一过程超越了传统装饰的界限，融合了色彩、家具、窗帘、照明和装饰品等多个方面的设计知识，以适应当前的生活方式，打造出符合现代审美和功能需求的空间（图1-4）。

二、陈设设计

在词典中，陈设的解释为：陈列摆设，也指摆设的物品。"陈设"一词在中国历史记载中，源远流长，可追溯到南朝宋范晔（398—445）写的《后汉书》："诸奢饰之物，皆各缄縢，不敢陈设"。清代曹雪芹（约1715—约1763）的文学名著《红楼梦》中也曾出现："贾母笑道：'这孩子太老实了。你没有陈设，何妨和你姨娘要些'"。古代陈设泛指室内空间物品的陈列摆设，目前"陈设艺术设计"已成为室内设计中一个新兴的核心工作，其内容涵盖家具、灯饰、织品、艺术品以及花艺等的综合呈现。陈设艺术设计是一门融合了空间设计语汇与使用者文化背景、生活感受与价值观的创作；可以延续室内设计风格，对于营造室内空间氛围、意境起到画龙点睛的作用，是室内设计的关键环节（图1-5）。

总而言之，软装陈设设计融合了软装元素与陈设艺术，代表了一种更全面、细腻的室内设计理念。软装陈设不仅包括软装设计的元素，还综合了陈设的艺术性和文化内涵，强调空间的整体美感、功能性与文化氛围的和谐统一。这种设计方法注重细节的处理和空间氛围的营造，旨在创造出既实用又具有审美价值的居住或工作环境，同时展现居住者的个性和生活态度。通过软装陈设的综合应用，室内空间能够更好地反映出使用者的文化背景、艺术修养以及生活品位，成为一种生活艺术的展现。

图1-5 软装陈设设计概念配置
这张图片显示了一个以亚洲风格为灵感的软装
设计概念配置，其中融合了深蓝和天蓝色调的
现代与传统元素。概念配置图直观地展现了设
计中包含有几何形状的现代吊灯、带有东方图
案的复杂地毯、简洁线条的现代家具以及传统
亚洲风格的屏风和装饰品，旨在营造一个和谐
而具有文化特色的室内环境。植物的加入和抽
象艺术画的涂鸦效果，为整个空间带来自然气
息和流动感，而传统雕像和照明则增添了一丝
温馨与精致感

第二节　室内软装陈设设计原则

提高设计品味的软装陈设设计，不仅要理解消费者对不同设计元素的个性化价值观，还需精准捕捉时代趋势下消费者的需求与偏好。室内设计的形态创造远超过美学的追求，它要求设计师在解决居住者心理需求、表达独特个性以及诠释时代文化符号和趋势方面做出更细致和深入的努力。有效的软装陈设设计遵循的原则包括但不限于以下几方面。

1. 整体协调性

软装陈设设计需要考虑空间结构特点，遵循室内设计的整体风格和功能要求，软装元素和陈设品的使用能增强空间视觉效果并凸显空间风格，共同营造出统一而富有意境的整体空间感受。

2. 设计美法则

软装陈设设计遵循的美学原则包括对比、重复与节奏、平衡、比例与尺度、重点与焦点、和谐与统一、变化与动态等，目的在于创建和谐、平衡且具有视觉吸引力的空间。

对比：通过对比强调元素之间的差异，如对比颜色、材质、形状或大小，可以使空间更有层次感和视觉兴趣。

重复与节奏：在设计中重复某些元素（如形状、颜色、纹理），可以创建节奏感，引导视线流动，给人以和谐统一的感觉。

平衡：平衡指在视觉上创造一种均衡感，可以是对称的（形式平衡）或不对称的（非形式平衡），平衡使空间看起来稳定和谐。

比例与尺度：比例指各个元素之间的大小关系，尺度指元素与空间的大小关系。恰当的比例和尺度对于创造舒适和美观的空间至关重要。

重点与焦点：设计中应有引导视线的焦点或重点，如艺术品、独特家具或特色墙。它们可以吸引注意力，使空间更有趣味。

和谐与统一：通过颜色、材质、风格等元素的统一，使设计在视觉上产生和谐感。和谐的空间给人以舒适和宁静的感觉。

3. 用户体验优先

软装陈设设计是为了给用户营造更好的空间感官体验感，在设计过程中需要贴合用户的生理和心理需求，满足其物质和精神需求。

4. 功能性与实用性

每个设计元素都应考虑其功能性。软装陈设设计不仅要追求美观，还要满足日常使用的需求。例如，家具的选择应兼顾舒适与实用，存储解决方案应考虑空间的最大化利用，窗帘和地毯的材料应易于清洁和维护。

第三节　软装陈设设计师的角色

软装陈设设计是一门融合艺术、科学和技术的跨学科领域，为用户设计的软装陈设设计是一种以用户的需求和偏好为核心，定制化的室内装饰设计方法。社会的多元化带来了更加复杂和多样化的用户需求，作为旨在优化室内环境，提升居住与工作效率的专业人士，设计师需要通过深入理解不同用户群体的独特需求，提供个性化的解决方案，使每个室内空间都成为用户个人故事的延伸和体现。

在技术和社会不断变化的今天，设计师面临的挑战多样且复杂。人工智能、虚拟现实和增强现实等为设计带来了无限可能性，但同时也要求设计师不断学习和适应这些技术，将它们有效融合到设计实践中。市场趋势和消费者偏好的快速变化需要设计师保持敏锐的市场洞察力，能够迅速适应并预见未来趋势。

此外，跨学科合作能力、对社会责任的深刻认识以及在设计实践中体现文化敏感性和伦理标准，也是当代设计师不可或缺的素质。这些挑战要求设计师不断地学习、创新，并具备广阔的视野和深厚的专业知识，以创造出既实用又有意义的设计作品。

本章总结

　　本章的学习重点在于深入理解软装陈设设计——这一综合性学科融汇了艺术、科学与技术，专注于空间布局、形态创新、材质质感、色彩应用及照明设计的创意运用。学习中需掌握该领域的核心设计原则，并对设计师所需的专业素养及其在社会中承担的责任有深刻的认识。其中的难点在于如何培养出一种能够从设计视角审视并理解周围空间的软装陈设的能力，即学习如何从一个全新的角度观察和解读世界。

课后作业

　　在总结与问答中，可以找寻答案：
　　为什么要学软装陈设设计？
　　软装陈设设计学什么？
　　怎么学软装陈设设计？
　　利用网络和书籍资料，对室内设计相关理论和相关案例进行交叉性和深入性了解，要学会思考。

思考拓展

　　老龄化社会需要什么样的软装陈设设计？

课程资源链接

课件、拓展资料

第二章
软装陈设设计的演变

第一节 软装陈设设计形成和发展

作为一个职业和学科，软装陈设设计是在20世纪中叶随着现代室内设计理念的发展和专业化分工的需求而逐渐形成的，是一个相对年轻的学科，但其发展历程却异常悠久，始终与人类的生活紧密相连。从历史的角度看，软装陈设设计的演变经历了从最初的实用和功能需求，到追求美观、舒适和个性化的过程。下面是软装陈设设计形成和发展的几个关键阶段。

1. 早期阶段

在古代文明中，软装陈设的初步形式主要体现在贵族和皇室的居住空间中，以奢华的织物、手工艺品和艺术品为特征，反映了社会地位和权力象征。这一时期的设计重点在于展示财富和审美品味，而对舒适性和实用性的考虑相对较少（图2-1）。

2. 工业革命后

随着工业革命和生产方式的变革，家具和装饰品的生产开始实现标准化和批量化，使得更广泛的社会阶层能够享受到之前只有上层社会才能享有的装饰品。这一时期，软装陈设设计开始向功能性和舒适性倾斜，设计理念和风格也更加多样化（图2-2）。

3. 现代主义影响

20世纪初，现代主义对建筑和室内设计产生了深远的影响。设计师开始强调"形式随功能"的原则，推崇简洁、实用而又不失美感的设计风格。软装陈设设计在这一时期逐渐注重空间的功能性分布、色彩搭配和简约风格，体现了现代生活的节奏和精神（图2-3）。

4. 后现代与当代发展

进入后现代及21世纪，随着个人主义和文化多元化的兴起，软装陈设设计更加重视个性化和文化表达。设计师运用丰富多样的材料、色彩和纹理，以及高科技元素，追求创新和独特的设计解决方案，满足用户对美学和功能的双重需求（图2-4）。

图2-1 法国洛可可风格小写字桌
路易十六时期的洛可可风格家具排除了巴洛克厚重、庞大的造型及装饰，以模仿贝壳外形的波浪曲线为主，更注重体现曲线特色，追求优雅和华丽，形成了具有浪漫主义色彩的家具设计风格

图2-2 维也纳咖啡馆椅
维也纳咖啡馆椅是19世纪末期由托勒公司生产的标志性弯木家具之一，以其简洁优雅的设计、轻便和耐用性著称。这种椅子采用创新的蒸汽压力技术来弯曲木材，并通过螺钉而非传统卯榫方式进行装配，使得生产过程简化，降低了成本，从而能够大量生产。维也纳咖啡馆椅因其舒适性和实用性，很快成为全球咖啡馆中的普遍选择，并影响了后续家具设计的发展。其设计原型至今仍被生产和使用，成为经典家具设计的代表

图2-3 布尔诺椅子
这把椅子由密斯·凡·德·罗于1929—1930年设计完成，体现了包豪斯将物体还原为基本元素的原则。密斯认为当椅子可以采用悬臂式结构时，不需要有四条腿，只需要一个"C"形的杆来支撑整个座椅

图2-1　　　　　　图2-2　　　　　　图2-3

图2-4 孟菲斯博古架

博古架由索特萨斯于1981年设计。作为一个
家具，它的丰富的轮廓与生动的色彩之间组
合，使得它不单单是一个功能性作品。孟菲斯
对功能有自己的全新解释，即功能不是绝对
的，而是有生命的、发展的，它是产品与生活
之间一种可能的关系。这种功能的含义就不只
是物质上的，也是文化上的、精神上的。产品
不仅要有使用价值，更要表达一种特定的文化
内涵，使设计成为某一文化系统的隐喻或符号

图2-4

5. 可持续和智能化

随着可持续发展理念的普及和智能技术的发展，软装陈设设计不仅
要考虑环境影响，减少资源消耗，还要融入智能家居技术，提高居住的
便利性和舒适性。展望未来，软装陈设设计将继续探索更环保、智能和
人性化的设计方向。

第二节　软装陈设设计风格概述

室内设计与装饰领域，"风格"定义为基于独特设计理念、审美趋势
及文化传统所形成的明确设计流派或类型。这些风格象征着不同的设计理
念与审美导向，通过其独有的设计元素与特征进行体现与传达。随着时代
的演进和历史背景的变迁，室内设计呈现出丰富多彩的构成手法与表现形
式，孕育出具有独特特质和固有风格的多样化表达，这些风格通过元素的
综合运用与和谐配合，赋予空间以鲜明的个性。

室内设计风格发展不仅仅是形式，更是新的思维与方法。这些风格通
常包括特定的色彩搭配、材质选择、家具风格、装饰品等方面的特征，形
成独具个性的室内设计风格。风格的出现和演变反映了时代背景、文化传
承和设计师个体创意的融合，为人们提供了多样化的选择，以满足不同人
群对于空间的个性化需求。

软装陈设设计风格是指在室内设计中，通过选择和搭配各种软性装饰

元素，如家具、窗帘、地毯、靠垫等，创造独特的视觉和感官体验的设计方向。这包括对颜色、纹理、材质的精心搭配，以及对空间配饰的艺术性安排，旨在营造出与整体空间风格一致且富有个性的空间环境。软装设计风格强调个性化和装饰性，为居住者提供舒适、温馨的生活空间，反映了设计者对美学和实用性的巧妙结合。

第三节　软装陈设风格的分类和特点

在设计领域，多样性体现在无尽的风格选择中，从古典到现代，从实用到奢华，从地域文化到个人品位，每种风格都是对生活方式的独特诠释，为不同的空间带来量身定制的美学特征和功能性。以下是几种常见的软装陈设设计风格。

1. 浪漫风格（Romantic Style）

浪漫风格，起源于18至19世纪的欧洲浪漫主义艺术运动，强调情感自由和对古典主义的反抗，其名称象征"奇异"和"非现实"。维多利亚时期的英国浪漫风格以华丽复杂的装饰、混合古典艺术风格特征及丰富装饰元素为特色，使用暗色木材、深色蕾丝和天鹅绒等材料。美国对此风格的诠释包括装饰性窗帘、图案地毯和主题鲜明的剧院豪宅，发展到现代则倾向于简化设计，融合轻便元素与花卉、条纹纹样。

现代室内设计中的浪漫风格吸收文艺复兴和浪漫主义时期的影响，通过蕾丝、褶皱和女性化细节展现独特感性风格，结合现代先锋元素形成新趋势。这种风格以精致、女性化特征营造梦幻般的氛围，通过花纹、蕾丝和荷叶边等元素创造温馨华丽的空间（表2-1）。

表2-1 　　　　　　　　　　　　　　　浪漫主义风格软装特征

浪漫风格（Romantic Style）	
风格定义	浪漫风格是一种强调温馨、柔和且充满个性的设计风格，以强调情感、柔美的元素为主导
表现手法	经常使用过度的装饰和华丽丰富的装饰。主要表现柔和的曲线、蕾丝、花纹等女性化的感觉
表现元素	**织物：** 蕾丝、丝绸、天鹅绒，使用花纹图案和植物图案，条纹图案和荷叶边的布料 **窗帘：** 使用白色蕾丝、网纱、透明的面料和花纹、有荷叶边的面料的窗帘 **地板：** 使用花纹图案装饰的地毯和亮色的原木 **家具：** 在使用哥特式、乔治安时代的传统家具的同时，还使用原木家具、藤制家具等。主要使用明亮华丽的颜色、象牙色、粉色、蓝色、薄荷绿色、黄色 **灯具：** 浪漫风格的灯具往往装饰有复杂的花纹、雕刻或其他装饰性细节，如珠串、挂饰等。这些装饰不仅增添了灯具的艺术感，也为整个空间增添了浪漫的触感 **材料：** 大量采用没有涂漆的白木，细致的蕾丝或材质有透明感的织物 **壁纸：** 主要使用柔和线条的花纹和抽象花纹的壁纸

2. 亚洲风格（Ethnic Style）

亚洲室内设计风格，深植于亚洲各地丰富的文化传统与美学理念之中，巧妙地融合了中国、日本、韩国、印度及东南亚地区的独特设计元素。该风格突出自然和谐的理念，广泛应用木材、竹子、石头和纸等天然材料，并在空间布局中巧妙地融入植物与水元素，营造出一种宁静祥和的居住环境。在设计手法上，亚洲风格追求简洁明快，避免繁复装饰，以强调宁静优雅的生活空间。

此风格的独特之处在于将传统工艺与现代设计理念相结合，将传统纹样、手工艺品及艺术作品与现代设计的简约线条和形式相融合。在色彩运用上，偏好自然柔和的调色板，如米色、青绿和木色，同时通过运用鲜明的色彩如红色和金色作为装饰点缀，赋予空间独特的文化气息和视觉吸引力。亚洲室内设计风格通过其设计特点展现了一种深厚的文化底蕴和对自然的尊重（表2-2）。

3. 古典风格（Classic Style）

古典风格指一种深受古希腊和古罗马美学理念影响的设计风格，它强调对称性、比例的和谐以及建筑和装饰元素的精致优雅。这种风格特别重视历史传统和文化遗产的继承，通过使用柱式、拱顶、雕刻细节以及精细的装饰工艺，传达出一种永恒、优雅和高贵的美感。古典风格常用的材料包括大理石、金属（特别是黄铜和铜）、丰富的木饰面和织物（如天鹅绒、丝绸和细麻布），以及油画和壁画等艺术作品来增添空间的文化深度。

表2-2 亚洲风格软装特征

亚洲风格（Asian Style）	
风格定义	亚洲风格是在室内设计中融入亚洲民族或文化的艺术元素、色彩、纹理和工艺，以展现该民族或文化的特色和传统
表现手法	强调简洁、平衡和和谐。东方设计中常常体现出禅宗哲学的影响，强调空间的留白和简约。使用对称和非对称的布局来创造宁静和平衡的环境。重视自然元素的引入，如水、石、木等，以及窗外景观的融入
表现元素	**材料：** 倾向于使用自然、传统的材料，如竹子、木头、石头、陶瓷等。在装饰中常见对手工艺品的使用，如手工绘制的瓷器、雕刻木制品等 **家具：** 家具设计注重实用性和简洁性，线条通常流畅且简单。家具通常保留木材的自然纹理和颜色，少有过多装饰 **织物：** 使用丝绸、棉布等自然织物，织物上可能绣有传统图案，如樱花、竹叶、鹤等。色彩上倾向于自然、柔和的色调，如淡黄、米色、青绿等 **色彩：** 颜色的使用倾向于低调、自然，例如不同深浅的木色、灰色、白色和其他自然色调。在某些元素上可能会使用鲜艳的色彩作为点缀，如红色、金色等 **小饰品：** 使用简约而具有象征意义的装饰品，如书法作品、瓷器、茶具等。强调自然美，可能会使用盆栽、干花、石头等自然元素作为装饰 **灯具：** 以其自然材质、简约设计、柔和光线和传统图案相结合，为室内空间带来宁静、和谐的东方美学氛围

传统古典风格是指英国维多利亚女王时代的室内装饰技法，这一时期正是工业革命的时期，特别强调细节与装饰，利用壁纸、布艺、陶瓷及木制家具等元素，结合棉、缎子、天鹅绒和无光泽丝绸等质地丰富的织物，以及木质和大理石等自然材料的地板，营造出复杂而舒适的室内环境。这种风格避免使用过亮的色彩，强调舒适与稳重感，通过富饶且有格调的设计展现出一种豪华而高级的感觉，适合追求有品位且稳定室内氛围的空间设计（表2-3）。

4. 高科技风格（High-Tech Style）

高科技风格的室内设计，也被称作现代工业风格，是20世纪70年代晚期和80年代早期兴起的一种设计风格，它融合了现代科技、工业元素和未来主义的理念。高科技风格强调技术和工业元素的可见性与美感，以及对未来主义的追求。这种风格通过展示建筑和室内设计中的结构、机械装置和工业材料（如钢铁、玻璃、混凝土和塑料），来体现现代科技的进步和人类对未来生活方式的想象。

高技术风格不仅在设计中采用高新技术，而且在美学上鼓吹表现新技术。高技术风格源于20世纪二三十年代的机器美学，这种美学直接反映了当时以机械为代表的技术特征（表2-4）。

表2-3　　　　　　　　　　　　　　　　　　　古典主义风格软装特征

古典风格（Classic Style）	
风格定义	"古典"一词的词源来自古罗马市民中的最高等级"克拉西库斯（classicus）"。它表达了正式（formal）、高雅的感觉，体现在巴洛克、洛可可、新古典主义风格中的形象
表现手法	这种风格延续了每个时代贵族文化的经典形式，展现了对古物的怀旧情感和贵族身份的表达
表现元素	**地板：**主要使用木材或大理石 **材料：**使用保留木纹的深色木材，常用的有樱桃木、胡桃木和桃花心木。此外，也使用大理石或深色的瓷砖 **墙壁：**使用传统图案或莫尔雷图案的壁纸，或单色的织物壁纸。当其他构成元素组合成较重的氛围时，会使用浅色调的壁纸，有时作为整体或部分使用 **家具：**使用模仿乔治亚时期的奇彭代尔（Chippendale）、阿普尔怀特（Hepplewhite）、谢拉顿风格（Sheraton），以及安妮女王风格等传统风格的家具，这些家具通常采用深色调完成，主要材料为橡木 **照明：**使用水晶灯或金色装饰的传统形式的照明设备 **织物：**使用花卉图案、小型印花、织物效果、条纹、格子图案等。使用正式的织物，如棉、缎面、大马士革、丝绸、天鹅绒、莫尔雷等 **色彩：**在传统混合风格中使用深色调；在田园/殖民风格中使用玫瑰色、浅色韦奇伍德、蓝色、薄荷色、浅绿色、象牙色、浅琥珀色；在正式的法式风格中使用杏色、牡丹粉色、绿色、蓝色、浅金色 **小饰品：**室内装饰使用了大量的小饰品，如时钟、灯具、照片、画框、陶瓷等

表2-4 高科技风格软装特征

高科技风格（High-Tech Style）	
风格定义	高科技"High-Tech"一词是"High Style"和"Technology"的合成词，最早出现在克隆和斯莱辛（J.Kron & S.Slesin）的著作《High-Tech》中。这种设计以机械和技术感为背景，代表了一种工业风格的趋势，其特点是轻巧的装饰或以最少的元素组成的家具，以及在基本范畴内的选择，这是一种室内设计概念。通过最大限度地应用现代技术，为灵活的空间创造机械化且精致的形状结构，从而提高设计结果的质量。其目标是实现最大的效用、经济性和轻便性
表现手法	表现了透明性、金属感、轻便性的材料以及结构设施的暴露性，如灰色的通风管道、机械设备等，这些元素以绘画般的方式处理，显示了追求技术象征性的趋势。此外，还体现了技术的象征性、使用明亮且单调的颜色以及空间的均质性等特点
表现元素	**色彩：** 主要使用中性和冷色调，如灰色、白色、黑色，强调现代感和科技感 **织物：** 偏好使用现代合成材料，展现简约而具有工业感的风格 **灯具：** 设计现代且具有工业美感，常用金属和玻璃材质，融合创新照明技术 **家具：** 强调功能性和简洁的线条，常用现代材料制成，具有模块化和可调整性 **材料：** 使用结构用钢材、金属板、石板、橡胶板等质地粗糙的材料，以及玻璃等

5. 优雅风格（Elegant Style）

优雅指品位优雅的形象，与休闲形象和职业形象形成鲜明对比的风格，优雅风格的形象具有高贵、优雅、细腻、浪漫、女性化、情感丰富和清丽的特点。优雅风格的色彩特性以温和的灰色为中心，紫色作为代表性色调，使用了微妙的渐变色处理的配色。优雅风格的设计主要采用流畅的曲线、适当装饰的花纹、抽象的图案，强调的是和谐而不是对比。它的特点是轮廓不突出，注重质感的表现。

另外，优雅风格为了表现女性温和细腻的质感或香气，经常使用柔软的丝绸或稍微有光泽、有细腻质感的织物，作为收尾材料主要使用有重量感的自然材料，由经典设计的家具构成空间，展现优雅华丽的形象，高档的布艺和干练的饰品部分添加装饰要素，具有强调古典感觉的特性（表2-5）。

6. 乡村风格（Country Style）

乡村风格，源于乡村生活的室内设计风格，体现了西部牛仔生活方式的独特魅力。这种风格带有男性化和硬朗的感觉，同时融合了平民的乐观性，有时还透露出一种野性的美感。自20世纪70年代起，乡村风格成为休闲潮流的象征，反映了大众文化而非精英阶层的偏好。其在空间中的体现，虽不甚优雅或知性，却散发自然的吸引力，受到追求高尚乡村生活感的独立职业女性特别青睐。

现代乡村风格也称"怀旧风格"，偏爱橡木、松木等自然材料，以仓库红、麦田绿等色调为主，展现出一种温馨的复古感。在欧洲，尤其是法国，这一风格融合了地方特色，采用优雅家具和精致细节，如小花布，使

表2-5 优雅风格软装特征

优雅风格（Elegant Style）	
风格定义	"优雅（Elegant）"指有品位与优雅，通常与休闲（Casual）或乡村（Provincial）风格形成对比。它表现出有品位、优雅、细腻和庄重的形象，同时带有文雅、女性化、情感化和清新的特质
表现手法	使用流畅的曲线，并保留适当的装饰，如花卉图案或抽象图案。其特点是不强调对比和反差，轮廓不突出，而是通过突出质感来进行表达
表现元素	**色彩：**优先使用温馨、柔和的中性色调，如米色、灰色和淡粉色，营造出优雅而舒适的氛围 **织物：**选用质地优雅、触感舒适的织物，如丝绸、天鹅绒和高级棉麻，以增添空间的奢华感 **灯具：**灯具设计精致而优雅，常见的有水晶吊灯和复古壁灯，为室内增添华丽的光泽 **家具：**家具线条流畅、设计经典，注重细节处理，常用材质包括优质木材、皮革和镀金装饰 **地板：**优选实木地板或高级大理石地板，为空间增加一份自然而优雅的基调 **墙纸：**墙面装饰选择精致的壁纸，如优雅的花卉图案或简洁的几何图案，为室内增添艺术气息

表2-6 乡村风格软装特征

乡村风格（Country Style）	
风格定义	乡村风格又称乡村田园风格，是一种在室内设计中常见的风格，主要特点是营造一种温馨、自然、舒适的生活环境。这种风格通常体现出对自然和传统生活的向往
表现手法	表现了自然质感和纹理 将带有男性化气息和硬朗感、质朴感与野性美混合在一起
表现元素	**墙面：**主要使用能展现原木感觉的木材和灰泥墙，以及浅象牙色或米色调的墙纸 **地板：**使用保留自然色泽的原木地板，并铺设地毯以增添温暖感觉 **织物：**最常使用粗亚麻、棉和蕾丝等材料，通过粗麻布的触感和棉的柔软感来表达自然之感 **家具：**使用原木或藤质的有品位且带有弧线装饰的家具 **材料：**使用橡木、木材上的漆面处理、松木、自然感的枫木等，同时也使用瓷砖、陶土、石头、灰泥等材料 **色彩：**主要使用谷仓的红色、麦田的绿色、谷物的金色、天空的蓝色等色彩

用瓷砖、石材等天然材料，形成独具魅力的法式乡村风格。这种风格深受女性欢迎，完美地与"汉布尔传统设计"风格相融合，呈现出独特的田园风情（表2-6）。

7. 现代风格（Modern Style）

现代风格，根植于现代主义，强调"现代""功能"与"合理"作为其核心设计理念。该风格从现代主义的基础演化而来，注重对结构功能的纯粹追求、摒弃非必要装饰、强调建筑几何形态及自然材料本质美学。它在建筑、家具和艺术作品的室内设计中得到广泛应用，特别注重色彩和光线的运用以及空间的功能性。

现代风格与当代现代设计概念密切相关，涵盖了斯堪的纳维亚和意大利现代风格。斯堪的纳维亚现代风格以其简约设计和明亮的木质色调著称，而意大利现代风格则偏好使用冷硬的人造材料，突出直线和简洁空间布局，营造细腻、柔和而轻盈的视觉效果。

在室内设计中，现代风格倾向于使用图案简约、色彩基础的布艺和壁纸，偏好采用硬质、有光泽的自然或人造石材，深受追求城市化、合理化、自动化及精确生活方式的年轻一代欢迎。其形象关键词包括城市化、功能性、自动化、冷静、精确、机械性和理性，展现了一种理想化的现代生活美学（表2-7）。

8. 极简风格（Minimal Style）

极简主义风格，起源于20世纪60年代后期的美国画坛，是对抽象表现主义的回应。它从排斥传统艺术概念的立场出发，倾向于创造非个性化、严格、极端简洁和机械精确的几何艺术形态。这一概念在艺术和建筑领域中传播，并在20世纪60年代被用来定义新的感性。极简主义的还原性强调最小化媒介，寻求物的本质，而其扩展性则通过作品与体验者的互动来扩大视觉和知觉体验。

极简主义倡导简单、沉默、精确，以及中性的空间概念，结合了现代性和自然主义。这种风格在室内设计中强调简单和节制，优先使用直线和单色，强调实用性和自然材料的使用。极简主义在设计中追求功能性和进

表2-7	现代风格软装特征
现代风格（Modern Style）	
风格定义	现代风格是20世纪初在艺术和建筑领域兴起的一种设计风格，它突破了传统设计的限制，强调简洁线条、功能性和形式的简化
表现手法	避免过多的装饰和色彩，追求简洁和简单的设计 强调直线和简单的空间构成及元素设计，细腻、柔和且感性的表达较多，现代功能美显著
表现元素	**材料：**使用钢材、玻璃、皮革、金属、人造材料、有光泽的天然石、树脂质感的材料 **色彩：**基本使用无彩色，如白色、黑色、深灰色。使用冷色调或作为重点色彩以营造氛围 **墙面：**使用简单的图案和质感的墙纸和涂料，墙纸图案多为纯色、条纹或几何图案 **地板：**使用大理石石材或柔和明亮色调的原木地板。采用几何图案和环圈（loop）类型的地毯 **窗户：**使用强调线条的垂直百叶窗帘，卧室等适合使用简单装饰的罗马帘或卷帘 **家具：**使用简洁风格、设计克制的家具 **织物：**主要使用纯色，以突出线条或形状 **小饰品：**使用钢制产品

表2-8　　　　　　　　　　　　　　　　极简风格软装特征

极简风格（Minimal Style）	
风格定义	极简风格也称最小主义风格，是一种以极致简化为特征的设计理念和风格。它起源于20世纪的艺术和建筑领域，强调将形式和元素减少到最少的程度
表现手法	简单而克制的表达，偏好直线而非曲线，注重实用性而非装饰，倾向于使用天然材料而非人造材料展现了极度克制美的简约美学，重视直线的美学
表现元素	**材料：** 使用金属、石头、玻璃等冷硬感的材料 **色彩：** 运用冷硬的色彩和强烈的明暗对比效果。相比多种颜色，更多使用单色或白色等单调色调，但也会使用绿色、米色、棕色、灰色等颜色，并进行白化处理 **家具：** 使用混合材料制成的家具，以及各种形状的组合或排列，可变形的固定家具等。同时，也广泛使用冷色质地的金属和玻璃混合家具 **墙面：** 主要使用白色、灰色、米色等调和色调 **地板：** 适合使用浅色的棋盘格等图案 **织物：** 主要使用干净的单色无纹理布料，通过质感变化追求高级感

取性，并且受到追求都市感和高科技氛围的人群的青睐。在空间设计中，经常利用冷硬感觉的材料，简单柔和或温暖地表现出来，而颜色则以现代的灰色系或白色系为主，以表现现代感（表2-8）。

9. 自然风格（Natural Style）

自然风格，以自然主义为核心理念，强调"自然的"和"来自自然的"元素在室内设计与时尚中的运用。它源自文学和艺术对自然主义的探索，反映了人类渴望回归自然、与自然和谐共存的心理。这种风格特别注重营造自然、轻松的氛围，通过使用自然界的色彩和天然材料来实现设计上的和谐与舒适。虽然最初这种风格倾向于避免使用人工或加工过的材料，但随着技术的发展，现代自然风格开始融入经过高科技加工的化学纤维，这些纤维模拟了天然纤维的触感，同时也对天然纤维进行改良，以增强其功能性和美观性。

自然风格可以细分为现代自然风格与简约自然风格两个亚类。现代自然风格追求更加简洁、纯净的设计理念，目的是创造一个舒适、柔和、亲切的居住环境。它倾向于采用中性色调作为设计的主色彩，强调空间设计的创意性和感官体验。与之相对的，简约自然风格体现了21世纪对整洁、简练空间设计的偏好，强调舒适性与功能性的融合。这种风格以简约主义为设计基础，追求一种自然且现代的美学表达，展现了对简洁而不失自然韵味的空间布局的追求（表2-9）。

10. 休闲风格（Casual Style）

休闲风格是一种以年轻、轻松和开放性为核心特征的室内设计风格，深受不同年龄层和社会阶层人士的喜爱。这种风格利用明亮的色彩和轻盈

表2-9　　　　　　　　　　　　　　　　自然风格软装特征

自然风格（Natural Style）	
风格定义	自然风格是一种借鉴自然元素、色彩、材料和纹理，以创造宁静、温馨、回归自然的居住环境的设计风格
表现手法	表现出接近自然的美感，主要使用总能让人感到亲切的自然材料，并强调亲近自然。特别是环境友好的回收（recycle）材料的使用是其特点。追求温暖而精致的形态，给人带来丰富和宽松的感觉
表现元素	**墙面：**使用木炭、黄土成分的墙纸或自然色调的卡尔波墙纸，或者使用灰泥墙 **地板：**主要使用展现自然本色和质感的木地板和未着色的自然色调地板，也会使用手工编织的地毯，以及割绒地毯或格子图案的小地毯 **家具：**使用粗糙、带有时间痕迹的手工艺感家具 **小饰品：**最常使用的小饰品包括篮子、模板画、拼布以及真正的植物等 **色彩：**使用明亮的自然色调的象牙色或米色，绿色或蓝色，白色等，但主要以材料本身的自然色为基础 **材料：**使用泥土、石头、藤条等木材，苎麻，砖块等具有自然温暖的材料 **织物：**使用带有舒适、温暖形象的花朵或叶子图案的细腻无纹理织物，有时也会使用格子图案的织物

的材质搭配，如柔和的浅色调墙面、木质地板以及棉麻质地的地毯，创造出一种清新、纯净且充满新意的环境。家具和装饰品倾向于简洁的设计风格，结合金属、木材和塑料等多样化材料，使用白色和柔和的象牙色作为主色调，点缀以鲜艳的色彩，营造出一种年轻且充满活力的氛围。

自20世纪90年代以来，休闲风格经历了多种演变，从丹麦的现代轻木风格到加州风格，吸引了那些追求简约、舒适且享受生活的人群，包括都市居民、中产阶级、年轻家庭及有孩子的家庭。在韩国，这种风格以年轻、愉悦、清新和热带的形象展现，特点包括使用大型格子或条纹图案、手绘装饰品和充满动感的元素，运用圆形设计和富有趣味性的材料如塑料和橡胶，展示了其个性化和创新精神。总体而言，休闲风格融合了实用性和审美性的设计元素，广泛应用于多种生活空间中，体现了一种对轻松、舒适生活方式的向往和追求（表2-10）。

设计风格的分类因观察角度的不同而展现出多样的定义。这些分类依托于多个维度，包括时代、文化、地理位置、功能需求、技术发展以及个人偏好等因素。例如，基于地域文化的视角，设计风格可以被细分为东方、西方、地中海、斯堪的纳维亚等不同类型；从历史时代的角度观察，则涵盖了古典、巴洛克、维多利亚、现代及后现代等风格；考虑到功能和技术的影响，则有工业、极简主义、生态设计等风格；而从个人喜好出发，又可区分为复古、波希米亚、现代奢华等风格。这种分类的多样性使设计能够跨越时空和文化，创造出无限可能的空间美学。

表2-10　　　　　　　　　　　　　休闲风格软装特征

休闲风格（Casual Style）	
风格定义	休闲风格是年轻的轻快感和自由开放感的室内设计风格，明亮色调的颜色营造出轻快、纯真、新鲜氛围的室内风格。不拘泥于格调的自由氛围，充满活力的休闲风格通过轻便清爽的颜色和素材的搭配表现出来
表现手法	通过生动的材质感和鲜明的色彩对比赋予节奏感，营造出不拘礼节的自由氛围，创造出令人愉悦的环境
表现元素	**墙面：** 使用明亮颜色的墙纸或灰泥，或者条纹和几何图案的墙纸 **地板：** 使用硬质质感的乙烯基材料或涂有明亮自然色或柔和色调的木地板。有时也使用带有强烈图案和色彩的loop类型地毯 **家具：** 主要使用原木家具或明亮的白色调家具，以及原色的金属家具。使用意大利风格的现代且功能性设计的原色沙发或椅子 **小饰品：** 通过原色的画框、靠垫、立灯等小饰品创造视觉效果 **色彩：** 基础色调如白色和灰色，点缀以红色、橙色、粉色、黄色、蓝色等鲜艳色彩。使用明亮、华丽和清新的色彩对比，或黑白对比 **材料：** 使用明亮色调的木材、金属、玻璃、塑料等，以及钢铁和布料、木材和钢铁、塑料和木材等天然材料和人造材料的混合使用 **织物：** 使用格子、横向条纹、水滴图案作为典型图案，也会使用几何图案或抽象图案的织物

本章总结

　　本章的学习重点在于学生需理解各设计风格如何随社会、文化、技术等因素演变发展，要求学生掌握不同时期的设计风格特点及其背后的历史背景。了解各个设计风格的关键特征、元素和使用的材料，以及这些元素如何随时间演化。

　　难点在于设计风格的演变跨越历史时期较长，涉及的知识点繁多，学生需要理解和记忆大量的历史事实和设计作品。

课后作业

　　风格研究报告PPT：深入研究和分析一个特定的软装风格，了解其历史背景、发展过程、典型元素等。完成一份报告，内容包括风格特点、代表案例分析、如何在现代室内设计中应用等。

　　软装风格深度分析PPT：案例研究

　　从课程资源链接中选择一个空间案例图作为分析对象。

　　要求识别该空间的主要软装风格，描述这种风格的关键特征（如颜色搭配、材料使用、装饰元素等）。

🖉 资源链接：美式复古田园风格、蒙德里安风格设计、现代风格、现代简约别墅设计

思考拓展

　　东西方设计风格的异同。

　　技术革新（如数字化、可持续性）如何塑造未来的设计风格？

课程资源链接

课件、资源链接

第三章

软装陈设设计元素

图3-1 软装陈设元素示意图

软装陈设设计是一门综合艺术，要求设计师具备敏锐的审美观和全面的设计知识。它不仅仅是对室内空间的装饰，也是一种创造和谐、美观居住环境的技术。在这个过程中，设计师需要深入理解当前的设计潮流和风格，同时熟悉各种设计元素，这些元素包括照明、色彩、家具、花艺、布艺及艺术品等，有效地运用这些元素，可以增强空间的美感和功能性（图3-1）。

第一节　照明

一、照明在软装陈设中的作用

照明在空间中作为光的媒介手段，不仅仅是为了提供光线，更是塑造空间氛围、加强室内设计主题和增强功能性的重要手段，使用照明方式乃至照明器具来演绎空间，照明是最终表现空间的表达要素。总体来说，照明既是一门艺术，也是一门科学——它可以影响我们的情绪、食欲和睡眠。

（1）氛围营造。通过不同的照明效果，可以营造出不同的氛围和感觉。温暖的灯光能够创造出舒适和放松的氛围，而冷色调的灯光则给人一种清新和现代的感觉（图3-2）。

（2）功能性强化。照明设计需要根据空间的使用功能来配置，如阅读区域需要有足够的光线，而休息区可能需要柔和的照明来放松眼睛。

（3）视觉焦点。特定的照明可以用来强调空间中的某些元素，如艺术品、装饰品或者家具细节，或者自身成为空间的焦点元素，以此吸引视线和增加空间的吸引力（图3-3）。

（4）技术整合。智能家居系统和自动化技术的集成，使得照明可以根据时间、场合或情绪自动调节，增加了家居设计的现代感和便利性。

(a)

(b)
图3-2

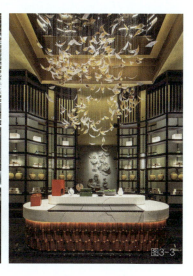
图3-3

图3-2 冷暖光对比效果

同一空间在冷光和暖光照明下的对比。图（a）中使用的是暖光照明（2700K），它发出的光线倾向于黄色或橙色调，营造出一种温馨、舒适的氛围。暖光可以增强红色和黄色调，增添了空间的温暖色彩，并且使得墙面的颜色看起来更加温暖和丰富。图（b）中则使用了冷光照明（5000K），它的色温较高，光线带有蓝色或白色调，使得空间看起来更加清晰和现代。冷光则使空间显得更为专业和清晰，适合需要集中精力和清醒思考的工作环境

图3-3 牛首山希尔顿酒店吊灯

照明焦点在酒店展示台上的照明装置。吊灯由一系列金色渐变透明的叶片组成，这些叶片优雅地悬挂和层叠，模拟着树叶在轻风中的飘扬。灯光从叶片间隐匿地透出，创造出柔和而温馨的光线，为大堂空间增添了动态之美和自然的节奏感。整个吊灯作为一个艺术装置，不仅为环境提供照明，也显著提升了空间的艺术美感和氛围感

二、照明的种类

按照安装方式，照明可分为内置式和移动式照明。内置照明设备通常是永久性安装的，是室内空间的固定组成部分，包括天花板嵌入的筒灯、壁灯、吸顶灯、吊灯以及轨道灯等。

内置式照明的特点是位置固定，不易于移动，通常需要专业安装，并且在房间设计初期就需要规划。

可移动照明是灵活的，灯具可以根据需要移动和重新定位，包括台灯、落地灯、阅读灯以及可以插入电源插座的任何照明装置。移动式照明的优点是可以根据用户的需求调整位置和方向，适应不同的照明场景和环境变化。

搭配时需要考虑的照明种类如下（图3-4）。

（1）天花板灯。在照明设计中广泛使用，分为直接附着于天花板表面的表面安装型（吸顶灯）和嵌入天花板内部的嵌入式。天花板灯提供广泛的照明，光线分布均匀，表面安装型的亮度较高，嵌入式照明效率更佳。

（2）吊灯。常用于餐厅、客厅或大堂等需要较大照明范围和装饰效

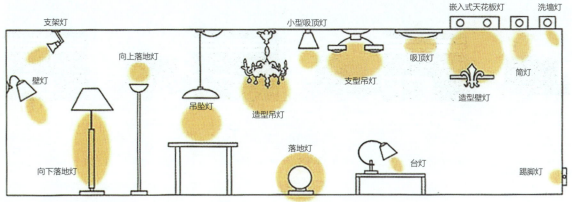

图3-4 室内照明的一般形式

果的空间。通常有多个灯头和分支，具有多种吊链或管道悬挂的类型，设计较为复杂。

（3）吊坠灯。常用于厨房岛台、餐桌上方、走廊等需要重点照明或局部照明的空间。通常只有一个灯头或几个简单排列的灯头，设计相对简单。

（4）支架、轨道灯。通常用于照射画作、壁挂或作为辅助照明，适合重点照明和展示。轨道灯一根电线连接多个照明灯，用户可以自由调整照明灯的位置和方向。

（5）落地灯。放置在地面上，便于移动和调整，适合阅读和任务照明。

（6）台灯。放置在桌面上，提供局部照明，常用于阅读。

（7）筒灯。将照明设备嵌入天花板中，通过向下照射来照明，通过控制多个照明设备的亮度，可以实现多种照明效果。

（8）踢脚灯。安装在墙壁底部或踢脚线位置的灯具，主要用于提供低位照明，增强环境氛围和安全性。通常用于走廊、楼梯、卧室或厨房等需要夜间导向照明的区域。

（9）洗墙灯。一种特殊类型的照明设备，设计用来发出柔和的光线，均匀地照射在墙面上，以达到"洗墙"效果。它们通常安装在墙面的上方或下方，并且光线直接投射在墙面上，创造出一种温馨的氛围和视觉效果。

按照色温，光分为三个基本范围：暖色光（低色温），通常低于3300K，发出偏黄的光线，营造出温暖舒适的氛围，适合家居和餐厅等放松空间；中色光或中性光（中等色温），在3300～5300K之间，提供清晰的光线而无冷暖偏向，适用于办公室和厨房等需要清晰视觉的环境；冷色光（高色温），通常高于5300K，光线呈现清爽的蓝白色调，有助于集中注意力和效率，常用于商业和工作区域。色温的选择可以根据空间的功能和想要营造的氛围来确定（图3-5）。

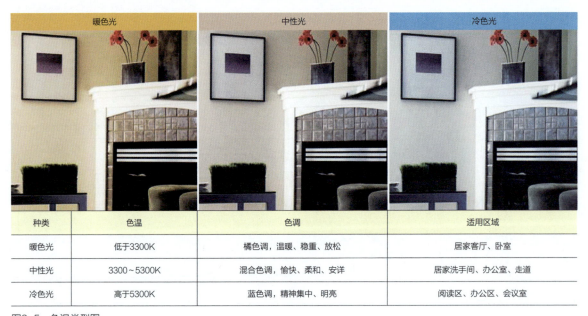

种类	色温	色调	适用区域
暖色光	低于3300K	橘色调，温暖、稳重、放松	居家客厅、卧室
中性光	3300～5300K	混合色调，愉快、柔和、安详	居家洗手间、办公室、走道
冷色光	高于5300K	蓝色调，精神集中、明亮	阅读区、办公区、会议室

图3-5 色温类型图

三、照明设计的搭配应用原则

（一）照明设计的搭配应用原则

照明设计搭配原则至关重要，因为它们不仅影响空间的功能性，还影响着氛围和美学。以下是一些关键的原则。

（1）功能与美学的平衡。照明设计应该满足空间的功能需求，例如，提供足够的光线用于阅读或烹饪，同时也要考虑到光源的美学效果，如光线的柔和度、色温以及与空间设计的整体协调。

（2）层次性与多样性。使用不同类型和强度的照明来创造层次感。这包括环境照明提供基本光线，任务照明支持特定活动，重点照明突出空间的特色，而装饰照明则增添艺术气氛。同时，光源的多样性也能让空间更加生动和丰富。

（3）和谐与对比。照明应与室内装饰和色彩方案保持和谐，支持空间的整体设计主题。此外，通过照明创造适当的对比可以增强空间的视觉效果。例如，使用暖光和冷光形成对比，或者通过明暗对比来增强空间的深度和维度。

在考虑这些原则时，还需要考虑到照明在不同时间和不同场合下的适应性，以及它们对居住者情绪和活动的影响。通过细致的规划，照明可以极大地提升一个空间的功能性、舒适度以及整体美感。

（二）常见照明器具的搭配

在室内照明中，壁灯、台灯和吊灯等是常用的照明器具，它们各自承担着不同的照明功能和美学角色。

1. 壁灯的功能性与装饰性

壁灯主要提供辅助照明，适用于创造柔和、分散的光线效果，常被安装在卧室、走廊、楼梯间或是阅读区等需要特定照明的空间。它们能够在不占用额外空间的同时，又具有显著的装饰性价值。壁灯在设计和材质上的多样性使其成为室内装饰的重要元素，从简约现代到复古风格，补充空间的装饰主题，营造出独特的氛围和风格（图3-6）。

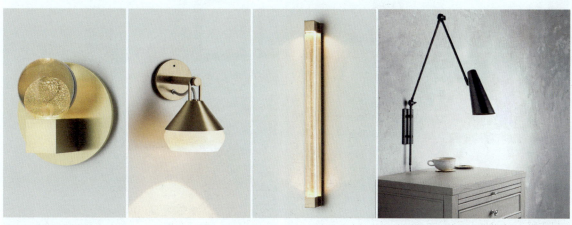

图3-6　壁灯类型图

壁灯主要包括如下种类。

（1）向上发光壁灯。这种壁灯的光线主要向上投射，能够在墙面和天花板上创造出柔和的光影效果。适合用于创造温馨、放松的氛围，常用于起居室或卧室等休息区域。

（2）向下发光壁灯。光线向下照射，提供更集中的照明，适合于需要特定任务照明的地方。常见于阅读区域、工作台或厨房的操作台下。

（3）全向发光壁灯。从灯具四周均匀发散光线，提供环境照明，适合作为一般照明使用。可以在客厅、餐厅或走廊等地方使用，创造均衡的照明效果。

（4）可调节发光壁灯。光线方向可调节，可根据需要进行重点照明。这种灯具灵活性高，适用于需要不时调整照明重点的空间，如展示区或艺术品陈列处。

2. 台灯和落地灯的功能性与装饰性

台灯和落地灯的设计、材质和光效都能够为室内空间增添氛围。它们位置灵活，可以成为室内装饰的一部分，为房间注入个性化的风格。台灯和落地灯通常具有精美的外观设计，如雕花、线条优美的灯体、华丽的灯罩等，能够成为室内空间的点缀物，提升整体装饰效果。选择台灯时应考虑其设计、颜色和大小是否与空间协调。例如，一个简约风格的工作室可能更适合使用现代感强的机械臂台灯（图3-7），而一个复古风格的空间则可能选择带有装饰图案的陶瓷台灯（图3-8）。此外，通过选择不同的灯罩和灯座，台灯还能影响房间的光线氛围，从而增添居室的温馨感或现代感（图3-9、图3-10）。

图3-7　机械臂台灯

这个工作桌一角的亮点是一款设计感强烈的台灯。台灯拥有一个灰色金属灯罩和一个以暖色调木材制成的机械臂式支架，这种设计结合了工业美学与自然元素。台灯的底座质感坚固，配色与灯罩相协调，增加了整体的稳定性和美观性

图3-8　装饰陶瓷灯

壁炉上方的台灯以其优雅的设计为这个空间增添了复古的魅力。台灯底座的几何图案与流畅的线条提供了一种艺术装饰感，同时灯罩的传统锥形设计散发出柔和而温馨的光线。这种灯具不仅实现了照明的功能，更在视觉上与金色雕花镜框和复古风格的壁炉相得益彰，共同营造了一种优雅而高贵的气氛

图3-7

图3-8

图3-9 欧式烛台台灯

以温馨家居风格为主题的装饰场景，古典风格的木质长桌上摆放着两个大型欧式烛台台灯，灯架采用精致的铜质材料打造，结合了优雅的曲线和精美的雕刻，展现出典雅的欧洲风情，丝绸宫廷灯罩散发出柔和的光线，为整个空间增添了温暖和层次感。台灯的传统设计与背后的镜框和桌上的植物和瓶子装饰协调一致，共同创造出一个既有艺术感又充满生活气息的环境

图3-10 简约三足台灯

一个设计精巧的台灯，台灯的布质罩面以暖色调为主，与周围的中性色调家具和木质地板协调一致，营造出一种温馨而又舒适的氛围。简洁的圆柱形设计和细长的支腿赋予了台灯一种轻盈而现代的感觉，而顶部的皮质提手则增添了一丝精致的手工艺感

图3-11 波纹落地灯

空间中的纸质落地灯造型优雅且流畅，似乎在模拟自然界的形态，如波浪或生物的曲线。灯体由一系列交错的弧形线条组成，这些线条轻柔地向上延伸并在顶部汇聚，营造出一种动态的视觉效果。柔和的光线从灯体的层层叠叠中透出，产生温暖而柔和的照明效果，增添了空间的温馨感。这款落地灯不仅提供了功能性的照明，更是空间中的一个装饰焦点，与背景中的简约家具和木质元素形成对比，展现了现代室内设计中对形态和光影运用的精妙理解

图3-12 三脚结构落地灯

一款具有现代感的落地灯，以优雅的金色金属支架和金色金属灯罩为特点。设计上，灯具的高脚支架和简洁的几何形状提供了一种视觉上的轻盈感和结构美。灯罩的柔和材质能够散发出温暖而均匀的光线，适合营造舒适的空间环境。金色和白色的组合赋予它一种时尚的外观

图3-9

图3-10

落地灯在实用性方面表现卓越，提供了灵活和广泛的照明选择。这种灯具常被放置在客厅的阅读角或卧室的一角，可通过调节光线强度来适应不同的活动需求，如阅读、工作或放松，从而满足家庭成员的个性化照明需求。在装饰性方面，落地灯以其高大的身材和各种风格的设计成为室内空间的视觉焦点。它们不仅能够通过不同的材质和色彩与家居环境和谐融合，还能通过创造柔和的光影效果，为家居生活增添温馨与舒适的氛围（图3-11~图3-14）。

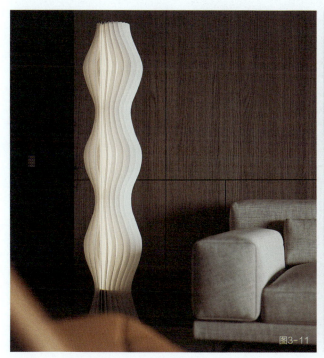

图3-11

图3-12

3. 吊灯的装饰性和功能性

吊灯设计范围广泛，从华丽的水晶玻璃到现代简约风格，需要根据天花板的高度和房间的宽度选择合适的吊灯类型，吊灯具有很强的装饰性，适合客餐厅或接待客人的场合（图3-15～图3-17）。

总体而言，每种类型的照明都有其独特的作用和美学价值，合理地选择和布置这些照明器具，可以极大地提升室内空间的功能性和美观度。

图3-13 钓鱼落地灯

钓鱼落地灯在现代风格客厅中通常具有很好的效果，因为它们既能为空间增添独特的装饰性，又能提供实用的光源。这种类型的落地灯通常具有简洁的线条和现代感强烈的设计，与现代风格的客厅相得益彰，以其长长的弧形臂和末端悬挂的圆形灯头，不仅在功能上为座位区提供了集中而灵活的照明，而且在美学上，它的流畅线条与室内的直线和曲线形状相呼应，增添了一种优雅的动感

图3-14 三脚支架落地灯

落地灯展现了简约而自然的设计美学，与其所处的空间和谐共存。落地灯的三脚木制基座呈现了一种原始的简洁，自然的材料和颜色与房间的中性色调相协调，而白色的灯罩则散发出柔和而温暖的光线。整个设计既实用又不失轻巧和优雅，提供了必要的照明功能，同时作为一个装饰性的元素，强调了自然材料和简洁线条的美

图3-15 常熟日航酒店大堂吊灯

一个具有雄伟构造的酒店大堂吊灯，以一种充满视觉冲击力的方式占据了空间的中央。吊灯由无数精致水晶悬挂组成，它们汇聚成一个巨大的圆锥形灯饰，周围环绕着三层细致的金色灯带，这些灯带不仅提供了温馨的光线，还强调了水晶的光芒和纹理，增加了整体设计的层次感。这件灯具在视觉上令人印象深刻，同时也为大堂的豪华装饰增添了现代感和艺术气息

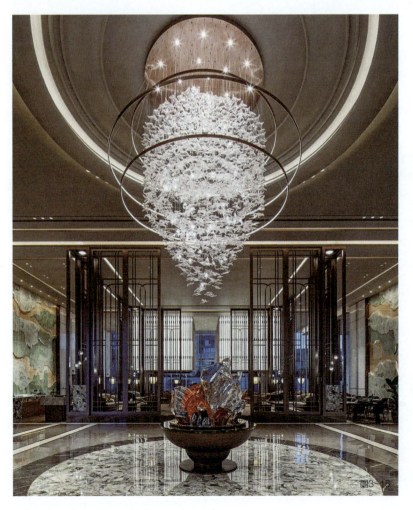

图3-16

图3-17

图3-16　现代线性吊灯

空间中的吊灯设计是一件吸引眼球的装饰品，它采用了简约而非传统的形式。悬挂灯具由两条细长的皮带状从天花板垂下，支撑着一个简洁的线条框架，框架中间嵌入了一个线性的光源。这种设计结合了工业感和现代美学，皮带的使用带来了一种温暖的自然质感，与周围环境中的现代家具和装饰形成对比。整体上，这盏吊灯不仅提供了光线，更像是一件艺术品，为餐桌上方的空间增添了视觉兴趣和设计感

图3-17　水晶枝形吊灯

在这个装饰精美的餐厅中，吊灯起着中心的装饰作用。它拥有一系列错综复杂的金属枝条，其中垂挂着无数晶莹剔透的水晶吊饰，这些光滑的表面在灯光的折射下闪耀着光芒，营造出华丽而温馨的气氛。吊灯的设计不仅是为了照明，更是为了增强空间的奢华感和精致度

第二节　色彩

一、色彩在软装陈设中的作用

在软装陈设设计中，色彩扮演着核心角色，它不仅直接影响空间的视觉效果和美学品质，还对居住者的情感和心理状态产生深刻影响。通过精心挑选陈设和搭配色彩，不仅能够有效提升空间的功能性与审美价值，同时反映出居住者的个性和生活品味。色彩的运用可以增强空间的层次感和深度，通过不同的色调和饱和度来区分空间功能，引导视觉流动，同时营造出温馨、舒适或活泼、动感的氛围。此外，色彩在软装中的应用也体现在能够反映居住者个性和生活态度，提供个性化的空间表达（图3-18、图3-19）。

从心理学视角出发，色彩对于调节人的情绪和心理有着不可忽视的作用。特定的色彩能够激发或平抚情绪，创造出促进放松、提高集中力或增强活力的空间环境。例如，暖色系的橙色和黄色能激发欢乐和活力，而蓝色和绿色则有助于放松和减压。在软装陈设设计中恰当运用色彩，不仅能够美化空间，还能够创造出有益于居住者心理健康和情绪平衡的居住环境。因此，色彩的选择和搭配是软装设计中不可或缺的一环，对于提升居住质量和空间感受具有重要作用。

图3-18

图3-19

二、色彩的基本知识

（一）色彩的属性

色彩的属性可以分为两大类：有色和无色（图3-20）。有色指的是那些具有色调和纯度特性的颜色，包括颜色（即色调）、亮度和纯度这三种属性。而无色则指的是黑色、白色以及它们之间的灰色。无色彩不具备色调和纯度，只表现为明度的变化。值得注意的是，在色彩的世界里，黑色和白色扮演着重要的角色，它们能够改变所有颜色的亮度和纯度，从而产生各种视觉效果。

光和物质三种基本颜色

光和物质的颜色表现形式有所不同。在光的颜色学中，三种基本颜色通常指的是红色、绿色和蓝色，它们是光的三原色。当这些颜色的光以不同的方式混合时，可以产生各种各样的颜色（图3-21），例如，红光和绿光的混合会产生黄色，蓝光和绿光混合则会产生青色，当这三种颜色的光以相等的强度混合时，会产生白光，称为色彩的加法（图3-22）。

图3-18 蒙德里安色彩空间

空间的色彩设计借鉴了蒙德里安的色彩理念，呈现出鲜明的色块和强烈的视觉对比。活泼的黄色吊灯与墙面上的绿色垂直条纹形成鲜明对比，同时橙色的椅子又为这一色彩组合注入了温暖的色调。整个空间通过使用这些饱和而大胆的颜色，营造出一种充满活力且富有艺术感的环境。紫色椅子的加入进一步增添了色彩的多样性，与绿色的沙发和墙面形成了对比，而墙上的装饰品和绿色的仙人掌雕塑则巧妙地与整体设计相呼应。总的来说，这是一个色彩对比强烈、活泼又具有现代艺术氛围的空间设计

图3-19 诺丁山联排别墅楼梯转角

诺丁山联排别墅的转角楼梯处戏剧性地运用几何图案与现代家具，营造出俏皮而精致的效果。设计选择了引人注目的图案和颜色组合，运用了大胆而富有对比的色彩搭配，营造出了强烈的视觉冲击和现代感。橙色的墙面给人一种温暖、活力的感觉，而与之形成对比的是冷静、稳重的蓝色墙面，这种对比既能吸引眼球也平衡了空间的情绪。黑白条纹的墙面则增添了动感和深度，创造出视觉上的延伸感，这种色彩搭配为空间带来了现代艺术的氛围

图3-20 有色和无色

图3-21 色轮

色调是光谱的颜色之一，色调具有圆形顺序，如色轮所示。色轮是一个有用的工具，可以帮助我们解释原色、间色和三次色之间的关系。色轮通常从三原色（红色、蓝色、黄色）开始构建。这些颜色不能通过混合其他颜色来制作，因此被称为"原色"。由原色混合而成的是三个二次色：绿色（蓝色和黄色混合）、橙色（红色和黄色混合）、紫色（红色和蓝色混合）。进一步混合原色和二次色，可以得到六个三次色，如红橙、黄橙、黄绿、蓝绿、蓝紫和红紫等。色轮上直接相对的颜色为互补色，色轮可以帮助我们理解色彩之间的关系和如何混合颜色

图3-20

图3-21

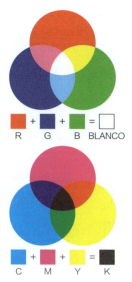

图3-22 色彩的加法和减法

RGB色彩模式是加色原理，是由光源通过直接发出的光色混合而成，使用于屏幕等电子显示设备中，不存在于印刷品中。而CMYK色彩模式是减色原理，依赖于光的反射，通过吸收部分光谱来表示颜色，是用于印刷品的色彩模式

在物质颜色学中，三种基本颜色通常是指青色（或蓝色）、品红（一种红紫色）和黄色。这些是印刷和绘画中常用的三原色。通过这三种颜色的不同比例混合，可以产生大范围的其他颜色。例如，青色和品红混合会产生蓝色，品红和黄色混合则产生红色，称之为色彩的减法。物质的三原色与光的三原色不同，因为它们是基于颜料或染料吸收和反射光的原理。

（二）室内设计中色彩的物理属性

颜色本身没有任何不同的概念，本质是对人脑的刺激反应。但色彩在空间中的运用会引发寒冷、远近、轻重、大小等心理影响。此外，颜色的影响不仅局限于单一色彩，也取决于颜色的组合方式、空间中的分布，以及颜色所使用的材质特性等因素。因此，人类的空间感知也受到颜色的影响。

1. 色彩的"冷"与"暖"

现代色彩学体系按照色彩所引起的温度感觉将颜色分为暖色、冷色和中性色三类（图3-23）。暖色调包括从红色到黄色的色系，其中橙色被认为是最具有暖意的颜色，象征着太阳的光辉，能够激发人的热情与快乐。冷色调则涵盖从青紫色到青绿色的色系，以青色最冷，常与天空和大海相联系，带给人安静和宁静的情绪。紫色和绿色，分别为红色与青色、黄色与青色的混合色，属于中性色调，位于冷暖之间，能够营造出平衡和温和的感觉。这种色彩分类不仅反映了色彩在自然界中的分布，也深刻影响着人们的情绪和心理体验（图3-24～图3-26）。

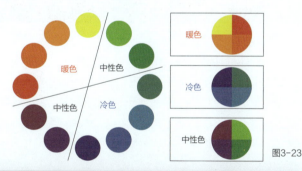

图3-23

图3-24

图3-23 色彩的冷暖

图3-24 尔玛酒吧空间

在空间设计中，可以运用色彩的冷暖来设定空间，比如酒吧、KTV的设计就经常用大量的冷、暖调色彩来烘托其热烈的气氛，通过这样的色彩搭配，不仅增强了空间的视觉冲击力，也有效地传达了空间的用途和气氛，为顾客提供了沉浸式的体验

图3-25

图3-26

图3-25　公司休闲空间
休闲区域在色彩运用上一般营造平和舒适的环境，不宜采用冷暖强或明度对比过强的色彩，明度适中的色调会使得人心情放松，精神舒缓

图3-26　肯德基餐厅
通常快餐店都是冷色包围的硬质桌面，四周大量使用红、黄、橙色等纯色，这样的配色会吸引我们，会让我们感觉饥饿，但不仅如此，这些配色不仅吸引人来餐厅吃快餐，另外还能加快顾客的进餐速度

2. 色彩的"远"和"近"

色彩在视觉感知中具有独特的"远"和"近"效果，能够影响人对空间进退、凹凸、远近的感知（图3-27）。通常，暖色系和明度较高的色彩给人以前进、凸显、接近的视觉效果，这是因为暖色系如红色、橙色等能够吸引视线，使物体或空间显得更为突出和接近。相反，冷色系和明度较低的色彩，如蓝色、绿色等，会产生后退、凹进、远离的感觉，使空间或物体在视觉上似乎更加遥远。在空间设计中，设计师经常利用这些色彩的视觉特性来调整空间的感知大小和高低，通过色彩的巧妙运用，可以有效改变一个空间的视觉效果，增强空间的层次感和深度感，从而达到美化和优化空间功能的目的（图3-28）。

3. 色彩的"重"与"轻"

色彩在视觉感知中的"重"与"轻"概念，深刻影响着人们对空间的感受（图3-29）。暗色调往往给人以浓郁、深沉的印象，营造出一种重量感，而明亮和高纯度的色彩则传递出轻盈、愉悦的气氛，给空间带来活力和轻快的感觉。这种视觉效果的差异，使色彩成为调整室内空间氛围的强有力工具。色彩的明度和纯度是决定其"重量感"的关键因素，明亮且纯净的色彩，如桃红或浅黄，给人以视觉上的轻盈感；相反，暗色或纯度较低的色彩则让空间显得更加庄重、稳重（图3-30、图3-31）。

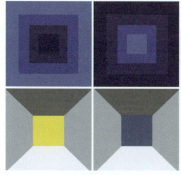

图3-27

图3-29

图3-28

图3-30

图3-27 色彩的距离感
同色系深颜色比浅颜色显得远一些。暖色比冷色显得更近一些。黄色中心部分看起来位置靠前，蓝色看起来位置退后

图3-28 金融街国际健身中心
色彩可以用来调整空间的比例，如层高比较低，立面的色彩适合一直涂到顶。这会感觉空间更高一些，如果天花较高，可以用色彩降低天花，能让空间更温馨

图3-29 色彩的"重"和"轻"
同样质量的物体，由于颜色不同，人的心理感觉是黑色物体比白色的重

图3-30 花旗银行新加坡办公室
空间以温暖的色调为主，创造出一种厚重和稳定的视觉效果。整个空间的色彩基调由各种橙色和棕色组成，这些颜色通常与大地元素相联系，给人以安定和扎实的感觉，同时胡桃木墙壁和凡·高大理石相映成趣，营造出精致的背景。棕色椅子的选择增添了温馨感，与木质墙面相得益彰，这些颜色的重量感加强了空间的正式感和专业氛围

图3-31 方达律师事务所北京办事处
一个宽敞、明亮、现代化的客户接待区和会议空间，空间使用了大面积的灰白色调，创造出一种轻盈和开阔的感觉。从地面到家具，再到墙面和天花板，这些浅色调减轻了空间的视觉重量，使整个环境显得更加宽敞明亮。这种色彩选择有助于提升空间的清新感和专业度，同时也有助于集中注意力和提升效率

图3-31

（三）室内设计中色彩的心理属性

在设计领域，色彩的心理作用是设计中一个关键的考虑因素。当色彩以不同的光强度与不同的波长作用于人的视觉时，便会产生一系列生理、心理的反应，这些反应结合个人过往的经验，激发各种情感、意志和情绪的象征含义。

色彩能够显著影响人的情绪和心理状态，同一色彩在不同个体中可能引起不同的心理反应。研究指出，适当应用色彩可以激发人们内心的积极共鸣，提升情绪，对心理健康有益。因此，通过精心设计的色彩方案，不仅能够创造出一个视觉上愉悦的环境，更重要的是，它能够满足不同用户的心理需求，实现情感的共鸣，这是设计过程中重要的考量因素（图3-32、图3-33）。

（四）室内设计中色彩的生理属性

在室内设计领域，色彩的生理属性涉及色彩对人体生理状态的直接影

图3-32　乒乓球运动空间

体育竞技类主题空间往往采用强烈的红、黄等纯度高的色彩，这种色彩选择不仅营造了充满活力和激情的环境，而且能够有效激发运动员的求胜欲望，提升他们的竞技状态

图3-33　图书馆空间

图书馆阅览室空间的设计中，通常选用低纯度的色彩来营造一种宁静的环境氛围，这样的色调有助于人们更好地投入到阅读活动中。这种色彩策略旨在减少视觉干扰，促进集中注意力，从而为阅读者提供一个理想的学习和思考空间

响。暖色系如红色和黄色，能激活人的神经系统，提高活力和促进食欲；相对地，冷色系包括蓝色和绿色，有助于身心放松，有助于降低血压并营造一种平静的环境。此外，色彩对视觉感知的影响不容忽视，明亮色彩能使空间显得更加宽敞明亮，而深色调则可能带来压迫感或温馨感。因此，设计师在选择色彩时需充分考量其生理影响，确保设计的美观性与功能性相辅相成，以满足空间的实际需求（图3-34）。

（五）室内设计中色彩的象征属性

在室内设计中，色彩的象征属性承载了丰富的文化和情感意义，不同的颜色可能代表着多重的象征含义。然而，这些象征意义并非绝对，它们受到文化背景、个人经验等因素的影响，因此在选择色彩时，不能仅凭主观偏好作决定。设计师需要基于具体的设计背景、空间功能以及使用者的需求和偏好，对色彩的象征意义进行细致的分析和合理的概括。通过这种方式，设计师可以有效地利用色彩的象征属性来增强空间设计的表达力，同时确保设计方案能够准确地传达预期的情感和信息（图3-35）。

图3-34　南京口腔医院
南京口腔医院的儿童治疗室的设计中，绿色的运用及动物图案的引入可从生理上帮助减轻儿童的紧张感，绿色与自然和宁静相关联，有助于放松心情，而鲜艳的图案则在分散注意力的同时提供视觉舒适，温馨的色彩搭配，不仅美化了通常令人畏惧的医疗设备，也共同创造一个对儿童友好的医疗环境

图3-35　常熟日航酒店餐厅
红色的使用不仅仅是创造一个温馨和活跃的就餐氛围，更是传达了中国文化中红色代表的喜庆、繁荣和好运。通过将红色与木质元素、传统装饰相结合，设计师营造出一种既现代又承载着丰富传统象征意义的空间

三、色彩设计搭配应用原则

（一）对比色彩搭配

在软装陈设设计中，对比色彩的搭配应依据色轮理论，挑选彼此对立的色彩来形成鲜明对比，如蓝与橙、红与绿，这样的组合可以使空间中的某些元素显得更加突出和生动。对比色的运用需谨慎，以保证注入空间活力的同时避免过度的视觉刺激，实现视觉平衡。

同时，对比色的搭配也需要考虑色彩的比例与位置。鲜明的对比色最好用在较小的区域，作为视觉焦点或增添装饰性细节，而主色调则应选择较为中性或柔和的色彩，保持空间的统一感和宜人氛围。这种策略允许设计师创造有趣的视觉点，同时保持整体空间的和谐与舒适（图3-36）。

（二）非对比色彩搭配

空间中非对比色搭配通常遵循色相邻近或类似的原则，以营造温馨和协调的视觉效果。这种搭配方式通常涉及同一色系内不同色调、明度和饱和度的色彩，如各种深浅的蓝色或绿色的组合，以实现一个平和、统一且无视觉冲突的空间感觉。

此外，非对比色搭配还需精心处理色彩间的渐变和层次，以增加空间的视觉丰富性和深度感，同时保持整体的协调性。在具体实施中，设计师应综合考虑光线、纹理和材料对色彩表现的影响，确保空间在不同的环境光线和观察角度下仍然展现持续的美感和舒适度。

1. 单色布局

空间中的单色布局是一种通过运用单一基色及其明度和饱和度的不同变化来设计空间的方法。这种设计手法侧重于简约和统一，利用细微的色彩变化增加空间的视觉深度和兴趣点，而不是依靠强烈的色彩对比。单色方案可以创造出一种和谐、连贯的视觉体验，使空间看起来更加整洁有序。

图3-36 对比色彩空间

图3-37 单色布局空间   图3-38 双色布局空间

　　在执行单色布局时，重要的是运用不同的纹理、材料和面料来增加视觉的丰富性。例如，同为橙色色调的粗糙编织地毯、光滑的金属表面和柔软的天鹅绒都可以在不破坏整体色调的情况下，为设计增添层次。此外，适当的照明设计也至关重要，因为它可以突出材料的纹理和色彩的层次，进一步强化单色布局的视觉效果（图3-37）。

2. 双色色彩搭配

　　空间中的双色色彩搭配涉及选择两种颜色作为空间的主导色调，这两种色彩应当在视觉上相辅相成，以确保既能塑造出一种平衡与和谐的氛围，又能为空间注入活力和层次感。

　　典型的双色配色策略包括以一种中性色调（如灰色、米色、白色）为基础，辅以一种更鲜明或深沉的颜色（如蓝色、绿色、红色）作为强调色。中性色提供稳定而连贯的背景，而强调色增添了空间的个性和视觉焦点。设计师在家具选择、装饰元素和墙面处理上应用这两种色彩，利用对比和协调的色彩组合，创造出既舒适又具有现代感的室内设计效果（图3-38）。

3. 多色布局

　　在进行空间的多色色彩搭配时，设计师倾向于选择一个色调作为主色，并谨慎地挑选其他颜色作为辅助色，以增强设计的层次和视觉兴趣。重要的是保持颜色比例的平衡，通常有一个色彩占主导地位，而其他色彩则以较小的面积或强度出现，以避免视觉混乱，并引导观者的注意力。

　　此外，多色搭配还要求色彩之间能够和谐相融，无论是选择色轮上相邻的色彩还是采用对比色方案，都需考虑空间的整体氛围和使用者的心理效应。通过适当运用色彩心理学原理，可以使空间既展现出独特的个性，又能满足功能需求和情感舒适度，创造出既美观又实用的室内环境（图3-39）。

　　在室内设计中，色彩的应用类似于交响乐中的和谐搭配，每一种设计都蕴含着其独特性与普遍性。随着社会的进步，色彩在室内设计中扮演的

图3-39 多色布局空间

角色变得越来越重要，它成为表达空间个性和情感氛围的关键手段。软装陈设设计师通过综合利用材料、照明及多媒体等元素，展现空间的色彩变化，这种变化不单纯依赖于颜色本身的调整，而是通过这些元素的有机结合来引导和塑造空间的色彩感知。

第三节　家具

一、家具在软装陈设设计中的作用

室内装修可以没有界面装修，但家具却是必不可少，可以说室内设计中的灵魂就是家具。家具是兼具使用功能及装饰功能于一体的室内陈设用品，它既需要对人们日常生活进行满足，又需要与室内环境保持一致，也就是说需要有很好的观赏性。如果说空间是自然环境和人类的媒介，那么家具可以说是空间和用户之间的媒介，家具不仅在功能方面成为向用户提供收纳空间、享受文化生活的手段，而且作为主空间的室内装饰品，还可以成为向他人展示用户的兴趣教养、财力等满足心理需求的手段。

（1）功能性与实用性。家具是室内空间中最基本的功能元素，为居住和工作提供必要的支持。例如，床、椅子、桌子等都是日常生活中不可或缺的部分，它们满足了基本的生活需求。

（2）空间布局的核心。家具的摆放直接影响着空间的布局和流动性。家具的选择和排列方式可以划分不同的功能区域，创造出流畅而有逻辑的空间动线。

（3）风格与氛围的塑造者。家具的风格、材质、颜色和设计对于确

图3-40 新中式风格家具

新中式之美，椅子的设计呈现了明代家具的经典元素，如马蹄形的椅脚和圆滑的扶手，这些设计不仅美观，还提供了良好的支撑和舒适度。扶手上的雕花贴合传统图案，补充了文化的内涵。旁边的几案设计简洁实用，搭配上面的茶具，营造出一个宁静的品茗空间，这些家具不仅仅是生活用具，更是传统文化和审美的载体

图3-41 个性化家具

在这个室内设计中，沙发的设计成为了整个空间中最引人注目的焦点。它采用了大胆的橙色和白色条纹图案，形状现代且有趣，像是一件艺术作品。这种图案和形状为室内增添了活力和动感，同时橙色调为空间带来了温暖和欢快的气氛。与其相协调的是一张表面为大理石纹理的圆形咖啡桌，增添了一份优雅和精致感。整体软装布局巧妙地融合了温暖的色调和自然的质感，通过家具的选择和布局营造出一个既现代又舒适的居住空间

定空间的整体氛围和风格起着决定性作用。不同的家具风格（如现代、复古、工业等）可以营造出不同的环境气氛（图3-40）。

（4）美观与审美的表达。家具不仅仅是实用的物品，也是展示个人品味和审美的载体。通过精心挑选的家具，可以表达居住者的个性和生活态度，增添空间的艺术感和美学价值（图3-41）。

二、家具的种类

家具作为室内空间设计的重要组成部分，根据其功能和移动性可以分为两大类别：固定式家具和可移动家具。

（1）固定式家具。这类家具是指直接安装在建筑结构上的，如鞋柜、衣柜和厨房家具等。固定式家具的特点在于它们通常不会被频繁移动，是空间的固定组成部分。固定式家具主要用于储藏与展示物品，同时也具备一定的空间分隔功能。

（2）可移动家具。可移动的家具包括沙发、桌子、床、餐桌等，这类家具的特点是灵活性和可移动性，可以根据空间需求或个人喜好进行重新布局。随设计理念的进步，可移动家具越来越倾向于模块化和系统化，功能更加多样化。例如，集成沙发床和多功能茶几等，极大地增强了家具使用的灵活性和效率。

进一步说，家具还可以根据其与人体的关系亲密度以及功能性分为三类：人体类家具、准人体类家具和建筑类家具。

（1）人体类家具。这类家具与人体的关系极其亲密，因为它们直接

与人体接触并提供必要的支撑，如椅子、凳子、沙发和床榻等。这类家具的核心功能是为了满足人们坐卧需求，它们对于人的身体健康与舒适度具有直接的影响。因此，在设计人体类家具时，舒适性、人体工程学原理及安全性成为不可或缺的考量要素（图3-42）。

（2）准人体类家具。此类家具既涉及人体的部分接触，也同样服务于物品的放置与存储。这包括众多桌台类家具，如书桌、餐桌等，能够支持人体进行某些特定活动例如伏案工作，同时具备存储或放置物品的能力。在这类家具的设计考量中，既须权衡人体舒适度与人机互动，也得重视其功能性，确保其既便于使用，又能满足存放需求（图3-43）。

（3）建筑类家具。这类家具与人体的直接接触较少，但与物品的关系更为密切，主要用于存储和展示物品，如衣柜、餐柜、电视柜和酒柜等。除了收纳功能，这类家具还常常承担着装饰性的角色。在设计时，侧重考虑存储能力、耐久度与审美特性，以平衡实用与观赏价值（图3-44）。

由于这三类家具与人和物之间的关系密切程度不同，因此在设计时对它们的功能性和美观性有着不同的要求和考虑。

图3-42　人体类家具

图3-43　准人体类家具

图3-44　建筑类家具

三、家具设计的搭配应用原则

　　家具设计是软装陈设设计的一个重要组成部分，它不仅关乎功能性和美观性，还涉及与整个空间的协调性和个性化表达。在设计中，家具的选择和布局需遵循以下几个原则。

　　（1）与空间风格的协调。家具设计应与整个室内空间的风格和氛围保持一致，无论是现代简约、复古典雅还是工业风格，家具都应与整体设计相呼应，包括材料选择、颜色搭配以及造型风格等方面（图3-45）。

　　（2）实用性与舒适度。家具设计首先要满足基本的使用功能，如座椅需提供足够的舒适度，储物家具应具有合理的储物空间。同时，家具的尺寸和布局应考虑空间的实际情况，以免造成空间拥挤或浪费。

　　（3）个性化与创意表达。软装设计中的家具也是展现居住者个性和品位的方式之一。设计师可以通过独特的设计元素、定制家具或者巧妙的色彩运用，来体现居住者的个人风格和生活态度（图3-46）。

图3-45　中国传统文化会馆
文化会馆以中式家具为主题，展现了中式软装的典型特征。家具线条简洁、造型方正，反映了中式设计的精神和哲学。采用的是原木色木材，这种材质和色彩赋予家具一种质朴的美感，与中式传统美学中的自然和谐相呼应。深色亚光的鼓形圆墩，与原木木质形成柔和对比，既突出了家具的构造，又增添了一丝圆润感

图3-46　个性化餐厅空间
设计融和了孟菲斯风格的特征，以大胆几何图案、鲜明色彩对比和材质混搭为特点，巧妙地展现了个性化设计和创意表达。它突破传统，通过结构的开放性和装饰的艺术性，营造出一个既具有功能性又反映独特审美的室内环境

图3-45

图3-46

图3-47　变色龙沙发（Camaleonda）
马里奥·贝利尼（Mario Bellini）设计的变色
龙沙发通过其多功能性和可定制性展现了现代
家具设计的趋势，用户可以根据自己的空间需
求和个人喜好，自由组合这些色彩丰富、形状
简约的模块，创造出既具有实用性又能反映个
性的生活空间。这种家具通常用于创造动态的
空间效果，可以作为休闲空间，也可以作为展
示平台。模块化家具设计不仅强调美学和功能
性的结合，还强调了用户参与度，让家具布置
成为一种个性化的创造过程

图3-47

　　（4）灵活性和可变性。随着现代空间的多样化，家具的灵活性和可
变性变得越来越重要。可拆卸和模块化的家具设计可以根据需要调整布
局，适应不同的生活场景和空间需求（图3-47）。

　　（5）维护和管理的便利性。家具的设计还需要考虑到长期使用后的
维护和管理。耐用性、易清洁性和维护成本是重要的考虑因素。家具应该
设计得易于清洁和保养，同时在材料和结构上具有足够的耐久性，以减少
时间、努力和费用上的负担。

　　综上所述，软装中的家具设计不仅要考虑美观和实用，还要与空间整
体协调，同时兼顾居住者的个性化需求和生活方式的变化。购买或决定家
具时，应考虑与其他家具的搭配，与墙壁的颜色、地板材料、装饰的搭
配，了解室内设计的风格非常重要。

第四节　花艺

一、花艺在软装陈设设计中的作用

　　插花是一门艺术，旨在通过特定方式组合花朵、叶片、植物及花瓶，
以实现外观、质地和色彩的和谐统一。其主要目标是美化环境，营造欢
乐、活泼及美丽的氛围，体现了人类对美的追求。据史料记载，插花艺术
源远流长，最早的记录可追溯至数千年前的古埃及，法老王的古墓壁画中
便发现了带有秩序感的花艺创作，展示了花瓶中的植物插花。中国明代
《遵生八笺·高子瓶花三说》一书，是世界上最早的插花艺术论著。

　　自古以来，花卉装饰一直是人类文化的一个重要方面。不论是鲜活植
物、干燥植物材料，还是仿制品，均被用于环境和个人空间的美化。在民
间节庆、宗教仪式及公共庆典中，鲜花扮演着核心角色。其应用既包括传
统的精心安置于精选容器中，也包含更自由的表达形式，如散布、编织成
花环或随意摆放，这些多样化的表达方式展现了人们对花卉美的不同欣赏

图3-48　婚礼花艺

婚礼花艺装饰以其丰富的色彩和自然的流动形态，成为室内软装的亮点。它以一种盛大而奢华的方式布置在餐桌上，不仅为古典风格室内空间增添了活力与现代感，还巧妙地将自然美融入精致的室内设计中，创造了一个浪漫且引人入胜的婚礼氛围

图3-49　餐桌花艺

在这个户外餐桌布景中，这束花艺使用了各种色彩鲜艳、形态各异的花卉，营造出一个丰富而多层次的视觉盛宴。这样的组合不仅给人一种豪华和庆祝的感觉，而且通过各种饱满的色彩和自然的纹理，增加了空间的活力，为宴会或聚会增添了欢乐和热烈的氛围。花艺的丰富层次和垂吊元素将视线向上引导，与周围绿意盎然的环境相得益彰

和表现手法。

在室内软装设计中，花艺占据了至关重要的位置，它不仅能够增强空间的美观度，还能提升整体环境的氛围和品味。

（1）美化空间。花艺以其多样的颜色、形状和质地为室内环境增添自然美。它可以作为焦点元素，吸引视线，或者作为补充元素，增强空间的整体美感。

（2）营造氛围。花艺可以根据不同的设计和摆放方式营造出多种氛围，如温馨、优雅或现代。这种变化能够显著影响人们对空间的感受和情绪。例如，选择一束清新的白色花卉可能适合于婚礼场景或浪漫气息的空间，而选择一束充满色彩的花卉可能更适合于欢乐或庆典的场合（图3-48）。

（3）增强空间层次感。花艺通过在空间中添加垂直和水平元素，可以改善空间的视觉层次。它能够为平坦或单调的空间增添动态和生机（图3-49）。

（4）反映个性和品味。不同的花艺风格和组合可以体现主人的个性和审美偏好。花艺的选择和摆放方式是对居住者或使用者独特品味的体现。

二、花艺的种类

花艺是一种综合艺术形式，涉及鲜花和植物的处理、设计与展示。它根据不同的标准可被分为多个类别。基于插花方式，花艺可分为花瓶插花、手捧花束、花篮和花坛等类别；而依据使用的花材，又可区分为鲜花花艺、干花花艺和人工花艺。这些分类仅是花艺多样性的一部分，实际上，花艺包含众多类型和风格，可根据特定的需求和创意灵活组合与创作。

在本教材中，我们将通过区域分类来探讨花艺的特点。花艺创作在文化演变的过程中，在全球范围内形成了独具特色与差异的风格，特别是欧洲和亚洲的风格差异尤为显著。一些国家能够巧妙地融合世界各地的花艺特色，成为该国文化的一大亮点。尽管存在众多花艺派别，但从大的区域上讲，花艺归为两大类：东方花艺（包括中式和日式）和西方花艺，各自展现了不同的审美理念和文化内涵。

1. 东方花艺

（1）中式花艺。 中式花艺强调意境和文化内涵，常常与诗、书、画相结合，力求表现自然和人文的完美统一。

中式花艺起源于春秋战国时期，已有超过3000年的历史。它是中国文化的瑰宝，融合了儒家、道家和佛家的哲学思想，体现在对自然美的追求和深刻的人文情感表达中。中式花艺强调自然、流畅的线条造型，追求高低错落、上下呼应的构架，以及疏密有致的布局，体现出清雅而不过分追求华丽外形的美学特征。在花艺作品中，这种架构和造型不仅仅是视觉艺术的展现，更是对无法用语言表达的意境和人文情感的深刻诠释。

此外，中式花艺中常用的花器包括"瓶、盘、缸、碗、筒、篮"六种，每种花器都有其独特的美学特点和表达方式，反映了花材与容器之间的和谐互动关系。瓶花展现高昂之态（图3-50），盘花深广扩散（图3-51），缸花突出块体感（图3-52），碗花讲求藏于中心（图3-53），筒花重视婉约之美（图3-54），而篮花则显端庄大方（图3-55）。这些元素共同构成

图3-50 瓶花

图3-51 盘花

图3-52 缸花

图3-53 碗花　　　　　　　　　图3-54 筒花　　　　　　　　　图3-55 篮花

了中式花艺的独特魅力和深邃意蕴。

中式花艺的特点：

• 强调植物的线条美，采用不对称的自然构图，主要的布局花型有直立型、直上型、倾斜型、平展型、下垂型；

• 强调花的寓意与情感寄托：如牡丹"唯有牡丹真国色"的贵气、菊花"悠然见南山"的隐逸、荷花的"出淤泥而不染"、梅花"凌寒独自开"的高洁；

• 讲究花形需顺应周围环境，"自然而然""天人合一"；

• 重视"留白"，含蓄自然的意境美。

（2）**日本花道**。日本的传统插花艺术，注重简约、平衡和极致的精美。强调空间、线条和色彩的和谐。

日式花艺（又称花道或华道）最初源于中国隋唐佛堂的供花，传入日本后，由于基础风格和技法的差异，衍生出了多种流派。尽管各个流派有所不同，但它们的共同点在于都强调天、地、人三者之间的和谐。其中最具代表性的流派包括池坊、小原流和草月流。

图3-56 池坊立花

池坊：成立于公元15世纪日本传统花艺创世流派。其花道强调自然、和谐与平衡的原则。该流派采纳三要素概念，即"真"（Shin）代表花卉的本质，"副"（Soe）指支撑和协调的元素，以及"掩"（Hikae）表示与自然环境及季节相协调的元素。池坊的花艺风格倾向于传统，特别强调空间感和花材的精心摆放，以此来表达对自然美的尊重和体现季节变化的和谐（图3-56）。

小原流：小原流是日本明治末期发展起来的代表性花道流派之一。其创始人受到西方文化的影响，因此该流派的特点倾向于描绘自然景观，风格较为现代化且开放。小原流特别注重花材的多样性和材料的利用，强调季节感，经常采用野花和草本植物来模仿自然景观及季节变化。小原流的花艺作品通常给人一种放松和自由的感觉，打破了传统插花的规则，更加重视创意和个人表达（图3-57）。

图3-57 小原流

草月流：草月流则是20世纪初由草月流花道学校创立的现代化花道流派，它强调创造性和自由性。草月流允许艺术家使用包括金属、塑料和纸张在内的各种非传统材料，创作出具有独特性的花艺作品。该流派的艺术家注重现代审美观，强调设计感和表现力，创造出与传统插花艺术截然不同的作品，体现了现代花道的新视角和创新精神（图3-58）。

2. 西方花艺

西方花艺的发展历程从宗教与祭祀活动的密切相关性开始，随着时间的推移，逐渐演变成服务于皇室贵族的一种精致艺术形式，直到17世纪末到19世纪，资本主义崛起开始有爆发性成长。而后中产阶级兴起，其生活方式与品味逐渐成为主流，花艺逐渐从专属于宗教和皇室贵族的领域走入普通人的生活，形成具有各国文化特色的花艺体系。

西方花艺与东方花艺在风格和材料的选择上存在显著差异。在西方花艺中，很少使用枯萎的枝叶进行创作，而是偏好使用大量不同色彩和质感的鲜花。欧式插花常常采用草本植物和球根花卉，创作出看上去繁盛而热闹的作品。花型的设计通常基于圆形、瀑布状、新月状、扇形和束状等几何形状，这些基本花型不仅展现了西方花艺在形式上的多样性，而且也体现了作品的气势和视觉冲击力。这种设计方法强调了结构的重要性和对比色彩的巧妙搭配，展示了西方花艺的独特魅力和创造力（图3-59～图3-62）。

需要注意的是，这些分类只是一些常见的示例，不同地区的花艺风格可能会受到当地文化、气候、植物资源和传统习俗的影响，因此全球范围内存在多样化的花艺形式。设计师在选择花艺作品时，常需考虑场地的主题，并借鉴不同地区的特色，以创造出既具有创意又富有个性的花艺设

图3-58　草月流

图3-59　圆形花艺
圆形花束是最经典的花束形状之一，特点是花朵紧密地排列成一个清晰的圆形轮廓。这种设计简洁、美观，适用于各种场合，从婚礼到节日庆典

图3-60　瀑布状花艺
瀑布状花束，如其名，模仿瀑布自然流淌的形态，花材从握持点向下垂落，形成一种流动的效果。这种花束常见于婚礼，尤其是传统的、正式的场合，它象征着丰富和优雅

图3-61 新月状花艺

新月状的插花以其独特的弯月形状而著称，两端较长，中间稍窄，可以通过不对称的布局来增强视觉效果。这种类型的花卉设计经常用于展示和特殊场合，需要精心选择和安排花材以达到美观的新月形态

图3-62 扇形花艺

扇形插花艺术以其开放的扇形布局而闻名，花朵和叶片朝外扩散，形成一个半圆形或扇形的轮廓。这种设计通常用作桌面装饰或展示作品

计。这种方法不仅能够增添空间的美感，还能够反映出一个地区或文化的独特魅力，从而提升整体设计的深度和丰富度。

三、花艺设计的搭配应用原则

花艺空间陈列一直是软装设计师的必备专业能力，小至居家餐桌布置、婚礼胸花，大至大厅花艺设计、商业空间陈列。然而一个好的空间陈列，不单仅是摆放好看的花艺作品而已，更必须将人之于空间的关系考虑进去，才能设计出同时兼具美感和机能的空间布置。当考虑软装陈设中花艺的搭配时，以下是五个重要的原则。

（1）风格统一。确保花艺的风格与室内装饰的整体风格相一致。无论是现代、传统、乡村还是其他风格，花艺应该与之协调，使整个空间看起来和谐统一。

（2）色彩协调。花艺的颜色应与房间的颜色方案协调一致。可以选择花卉和植物的颜色与房间中的装饰色、家具或墙壁颜色相呼应，以创造出一种视觉上的和谐感。

（3）尺寸与比例。确保花艺的尺寸和比例适合房间的大小和高度。大型花艺适合高挑的空间，而小型花艺则更适合小空间，以防止花艺过于压倒空间或不够显眼。

（4）视觉焦点。花艺可以成为房间的焦点，吸引注意力。选择一个突出的位置来展示花艺，以吸引人们的眼光，并赋予房间更多的生气。

（5）季节性变化。根据季节的不同更换花艺，以使房间保持新鲜感。不同季节的花卉和植物可以为房间带来不同的氛围和色彩。

这些原则可以帮助设计师在软装设计中有效地搭配花艺，使其成为房间装饰的一部分，增添美感和生气。根据具体的空间和个人品味，可以调整这些原则以满足设计需求（图3-63～图3-68）。

图3-63　牛首山希尔顿酒店大堂花艺

空间花艺将自然美感融入了现代设计的环境中，花艺作品以一种近似野生的形态呈现，它不是传统意义上的整齐切割或排列有序的花卉，而是更接近自然生长的状态。多种植物和草本植物相互缠绕，高低错落，形成了丰富的层次感和视觉流动性。这些植物的绿意与黑色石墙和金属条顶棚的现代感形成了对比，是一种自然与人造、有机与几何的对话。反射的水面增强了植物的视觉效果，同时也为硬质的材料如石头和金属添加了一种流动和生命的感觉

图3-64　中式花艺

花艺作品呈现了一种极简而精致的东方美学。简洁的线条和有意识的不对称排列，体现了东方艺术中常见的自然和谐与流动的节奏感。采用的植物元素既展现了生命力，又透露出禅意的静谧，与博古架上陈列的传统元素一道，传递出一种历史悠久和文化深厚的感觉。花器的选择同样独特，采用了带有几何切割图案的石材质感，与柔软的自然线条形成对比

图3-65　家居花艺

空间中的花艺安排呈现出一种简约而精致的美学，一个单枝带有红色果实的植物优雅地放置在朴素的花瓶中，其自然的曲线与周围直线型的家具和装饰形成鲜明对比。这个小小的花艺作品不仅为整个中性色调的空间带来了生机与活力，同时也是一个巧妙的视觉焦点，引导观赏者的目光流转于室内的每一个细节。它体现了在现代室内设计中，通过最小的干预来最大化空间感和舒适感的理念

图3-66　大堂花艺

现代大堂空间中花艺的运用成为视觉焦点，一簇鲜艳的红色花卉在中性色调的背景下显得尤为突出。花卉的自然美与周围的极简设计形成对比，为整体带来了生动的色彩和有机的形状。这种设计策略不仅强调了花艺的艺术价值，也让室内空间获得了动感与活力，显著提升了空间的感官体验

图3-67　婚礼花艺

花艺在婚宴空间中起着关键的装饰作用，可营造出一种奢华而浪漫的气氛。精心挑选和安排的花卉（玫瑰、牡丹和其他混合花束），通过它们饱满的颜色和丰富的纹理，为这个婚宴空间增添了生命力和喜悦感。花卉被摆放在各种高矮不一的花器中，这不仅在视觉上创造了层次感，还让整个装饰更显精致。花朵之间相互交织，既有大胆的色彩对比，也有和谐的色彩过渡，共同绘制出一幅动人的视觉盛宴，完美地辅助了场合的主题和情感

图3-68　办公室花艺

图中的花艺展示了精美的鲜花组合，为工作空间增添了活力与色彩。色彩鲜艳的花艺和马卡龙提升了整体氛围。粉色的康乃馨与马卡龙柔和糖果的色调相得益彰，为工作空间带来了一抹温馨的色彩和甜蜜的心情。花朵散发出的自然感和宁静的绿叶，放在简约风格的花瓶中，不仅美化了办公环境，还提升了心情。这样的花艺布置不仅美化了工作环境，也有助于提振精神，创造出一个和谐且富有创造力的工作空间

第五节　布艺

一、布艺在软装陈设设计中的作用

在早期的服装和日用品制作中，人们主要依赖自然提供的材料，如树皮和动物皮革。随着时间的推移，植物纤维织物的出现促进了针织工

艺的多样化，相应地，相关工具和技术也得到了发展。织物在服装和生活用品中的应用不限于基础的修补工作，它的用途扩展到了表征社会地位和身份的符号，以及作为美学展示的艺术形式，布艺随着地域、社会和国家的不同而呈现出丰富的多样性和发展。

在软装陈设中布艺是表现空间特色的关键元素，它能够在设计的早期阶段反映当下的流行趋势和使用者的偏好。布艺的图案和材质可以轻易随着时尚潮流而变化，人们也常根据自己的心情更换它们，以此改变室内环境的氛围。此外，将新的布料应用于旧家具上，能够创造出具有全新感觉的产品，这在室内设计中是一种既有趣又富有创意的做法。它不仅能够提升室内的视觉吸引力，还能增强空间的舒适性和功能性。以下是布艺在软装设计中的主要作用。

（1）美化空间。布艺通过各种颜色、图案和质地，为室内空间增添美感。例如，窗帘、沙发套、抱枕等可以与室内装饰风格相协调，创造出和谐统一的视觉效果。

（2）营造氛围。布艺能够根据不同的材质和颜色，营造出不同的空间氛围。柔软舒适的布艺材料可以创造出温馨舒适的家居环境，而丰富多彩的图案则可以营造出活泼的氛围。

（3）隔声和保温。布艺材料如窗帘和地毯具有一定的隔音和保温功能，有助于提升室内的舒适度，尤其在冬季或噪声较大的环境中。

（4）分隔空间。在开放式空间或多功能区域，布艺可以用来划分空间。例如，使用轻盈的帘幕分隔起居室和餐厅，既保持空间的通透性，又能起到一定的隐私保护作用。

（5）添加个性和色彩。布艺是展现个人品味和风格的重要手段。通过选择不同的布艺产品，可以体现屋主的个性和喜好，为室内空间添加独特的色彩和风格。

（6）提升舒适度。布艺产品如沙发垫、抱枕、床品等不仅美观，还能提供舒适的触感，增强居住的舒适性（图3-69）。

二、布艺的种类

在软装陈设设计领域，布艺是指那些被广泛应用于室内悬挂（如窗帘、幔帐）、墙面装饰（如墙布、软包墙面）、家具覆盖（如布艺沙发、桌布）以及各式床品、地毯、枕头、坐垫和其他室内装饰品的纺织品及其成品。布艺的应用范围极为广泛，其分类依据用途和材料进行划分，主要包括窗帘、布艺沙发、床上用品、抱枕以及坐垫等。

鉴于布艺的多样分类和广泛用途，导致了其种类繁多且具有一定的复杂性。因此，作为一名设计师，首要任务是熟悉各类面料的特性（表3-1）。这不仅涉及对面料材质的了解，还包括对其美观性、耐用性以及维护方式的认识，这样才能在设计中恰当地选择和应用布艺，以提升室内设计的整体美感和实用性。

图3-69　布艺营造空间氛围

绿色天鹅绒椅子作为亮点，带来奢华氛围；印花床单活跃空间色彩；厚重针织毯增添舒适质感；浅色窗帘和简约地毯则为其他布艺品提供了平衡的背景。总体而言，这些元素共同营造了一个既温馨又有层次感的空间

表3-1	面料的种类特性
面料种类	**特性**
棉布	一种自然纤维，柔软、透气，吸湿性强。它非常舒适，适用于床上用品、窗帘、靠垫和轻质家居装饰
丝绸	一种高档面料，具有光滑的质感和独特的光泽。它适用于豪华窗帘、披肩、靠垫和床上用品
麻布	一种天然纤维，有粗糙的质感，但透气性很好。它适用于夏季窗帘、餐巾、靠垫和轻质床上用品
绒布	有浓密的绒毛，手感柔软，表面光泽。它适用于豪华家具、靠垫、披肩和装饰品
绸缎	一种光滑、有光泽的面料，常用于床上用品、窗帘和特殊场合的装饰
丝绒	一种与绒布相似的面料，但表面没有光泽。它适用于家具、靠垫和装饰品
帆布	一种坚固耐用的面料，通常用于装饰沙发、椅子和户外家具
高级面料	包括高档的天鹅绒、羊绒、丝绒和设计师面料，通常用于定制家具和特殊场合的装饰
室外面料	通常是合成纤维，具有抗水、抗紫外线和耐用的特性。它们适用于户外家具、庭院装饰和垫子

1. 窗帘

窗帘不仅仅是遮挡光线和保护隐私的实用工具，还大大影响着室内空间的美学和氛围。选择合适的窗帘可以改变房间的光线质感，为居住者提供舒适的光环境，同时也是调节室内温度和声音的重要因素。颜色、图案、质地和挂帘方式的不同，都可以对室内风格产生显著的影响。

从装饰的角度来看，窗帘是连接室内外视觉的桥梁，能够为室内装饰添加层次和深度。优雅的窗帘不仅能增强室内设计的整体感，还能反映居住者的品位和生活态度。若室内装饰繁多且不希望窗帘成为焦点，选择与背景色调相近的窗帘颜色较为适宜。相反，若期望窗帘作为显著的装饰元素，应选择鲜明的颜色和大型图案。在装饰简约的空间中，大型窗帘可独立创造华丽效果。宽敞空间适合大图案窗帘，小空间更适合细小图案。

（1）褶皱窗帘。褶皱窗帘又被称为褶式窗帘或打褶窗帘，是一种传统的窗帘样式，其特征在于顶部有一系列均匀的褶皱。这些褶皱通过窗帘钩和窗帘环，或者通过绑在一起的绳索或布带固定，以保持其形状。打褶的方法有多种，包括箱形褶、刀形褶、叠板褶和圆形褶等，每种褶皱都赋予窗帘不同的外观和风格。

褶皱窗帘通常由较重的布料制成，这有助于保持褶皱的结构，使窗帘看起来更为丰满和正式。这种类型的窗帘适用于传统和正式的空间，但也可以用于现代室内设计，只需选择适合的布料和颜色。褶皱窗帘不仅具有装饰性，还具有调节光线、隐私保护和保温隔音的实用功能（图3-70）。

（2）罗马帘。罗马帘也称为百折帘，其特点是使用轻薄布料，通过层层折叠向上收起或放下。这种窗帘设计不需要特殊的窗帘盒，也不会在视觉上显得突兀，能够使窗户看起来更加延伸。罗马帘的厚度与轨道相近，紧贴窗户，是营造简约风格空间的理想选择。它背后设有多层拉线，用以辅助提升和收放，因此制作过程需要精细的工艺。这种窗帘适合用在厨房、书房等场所。当需要微透风时，罗马帘也便于操作，不会妨碍开窗（图3-71）。

（3）卷帘。卷帘的材质多为PVC或聚酯纤维，有透光也有不透光的材质，布料平整、不容易黏附灰尘，十分方便清洁。另外，卷帘在安装、空间规划上不太占空间，因此很适合卧室、浴室等小面积的窗户，呈现简约大方的风格；不过相对来说，卷帘也比较难调节光线和通风性（图3-72）。

（4）斑马帘。斑马帘承袭了卷帘的优点，不易囤积灰尘、尘螨，方便清洁和维护，造型却更独特，有种几何、简约的美感，也方便调节室内自然光。不过，斑马帘无法完全遮蔽室外光线，因此建议装设在书房、卧室等空间（图3-73）。

图3-70　褶皱窗帘

| 折叠罗马帘 | 波浪罗马帘 | 扇形罗马帘 |

图3-71　常见罗马帘样式

图3-72　卷帘样式

图3-73　斑马帘样式

（5）风琴帘（蜂巢帘）。风琴帘的侧面结构看起来就像是一个一个
蜂巢，呈六角形中空网格状，也因此称为"蜂巢帘"。具有室内保温的效
果，收起来的时候很节省空间，还可悬空在窗户中间，方便调节进光量，
特别适合北欧简约、日式侘寂等空间风格（图3-74）。

图3-74　风琴帘样式　　　　　　　　　　　　　　　　　图3-75　百叶窗样式

（6）百叶窗。百叶窗是由一系列垂直或水平排列的窗片构成的窗帘类型。这种窗帘以其清晰简洁的线条和灵活的开合设计而著称，用户可以微调以控制光线和影子的效果。此外，百叶窗的材质选择多样，包括实木、玻璃、铝材、塑料等，可以根据居家环境和设计风格进行选择。对于那些喜欢玩味光影变化的人来说，百叶窗无疑是一个极佳的选择（图3-75）。

综上所述，选择窗帘时应考虑空间的功能需求、个人喜好和整体装饰风格，以达到既实用又美观的效果，不同类型的窗帘可以带来不同的装饰效果和功能性（图3-76）。以下是一些窗帘类型及其优缺点的总结（表3-2）。

图3-76　客厅窗帘设计

窗帘的软装设计给人一种温馨舒适的感觉。窗帘选择了柔和的米色调，与室内的色彩方案和自然光线协调一致。它们的材质看起来轻盈、透气，挂帘的设计既实用又有装饰效果，可以方便地拉开或收起，控制自然光的流入。百叶窗可以调节室内光线的强弱，也增加了隐私。整体上，窗帘与空间内的其他元素，如现代家具、地毯和装饰品，共同营造出一个和谐而宁静的阅读或休憩环境

表3-2　　　　　　　　　　　　　　　　　　　　各类窗帘优缺点

窗帘类型	优点	缺点
褶皱窗帘	造型简约优雅无拉绳，降低室内安全疑虑方便自由调节光线	比较占空间，需预留足够的窗帘盒深度，需手动整理，才能维持整齐美观，易堆积灰尘、滋生尘螨，需定期清洗
罗马帘	合适半腰窗、角窗、八角窗等窗形，不占空间、多材质花式选择、本体100%遮光、比卷帘百叶更不挡柜门，合适各式室内设计风格	难以洗涤，通风不良，构件耐久性差、不适合常开启的门窗，存在拉绳安全隐患，大窗户安装操作不便
卷帘	选择多元，有透光、不透光的选择，防尘、防螨，方便清洁垂直开合，不占空间	调节光线功能较弱，通风性较差
斑马帘	造型简约独特，调节光线能力强，造型平整，不易沾染灰尘，也方便清洁	无法完全遮蔽光线，通风效果稍差，下摆飘动时，可能会有声响
风琴帘/蜂巢帘	结构轻巧，隔热保温效果佳，具有出色的遮光性能，自由调整幅度大	若不慎挤压，将难以去除压痕，容易卡毛发、灰尘，需加强清洁
百叶窗帘	通风性好，遮光、隐蔽性高可自由调节光线	容易弯折，影响遮光效果和美观程度，重量较重，不适用于大面的落地窗隔热、保温效果较差

2. 床上用品

床上用品主要由各种纤维材料制成，包括床罩、床垫、被套、枕头和靠垫等，旨在营造一个健康且明亮的卧室环境。在这些床上用品中，除了单色款式外，大多数产品都采用图案设计，这些图案及其颜色对于特定空间的氛围有着显著影响。另外，随着最近综合协调概念的兴起，床上用品的种类和风格正逐渐丰富和扩展，在软装设计中发挥着重要的作用，主要包括以下几个方面。

（1）美观装饰。床上用品的颜色、图案和材质可以为卧室增添装饰性，使整个空间更加美观和温馨。通过选择合适的床上用品，可以打造出各种风格的卧室，如简约现代、复古经典、田园风格等。

（2）舒适度提升。床上用品的质地和材质直接影响睡眠的舒适度。柔软舒适的床单、被套和枕头套能够提供更好的睡眠体验，帮助人们更快地进入梦乡，享受充足的睡眠。

（3）个性化定制。床上用品的选择可以体现居住者的个性和品位，通过选择独特的图案、颜色或者材质，可以打造出独具特色的卧室风格，展现居住者的生活态度和品位追求。

（4）情绪调节。床上用品的颜色和图案可以影响人们的情绪和心态。温暖柔和的色调和花纹能够带来轻松愉悦的感觉，有助于缓解压力和焦虑，营造出舒适宜人的睡眠环境（图3-77、图3-78）。

3. 地毯

地毯不仅为室内空间提供了舒适感和温暖，还具有装饰性和功能性的双重作用。它可以为房间增添色彩、纹理和层次感，帮助界定不同的功能区域，并吸收噪声，提供宁静的环境。地毯的选择可以根据个人品位和装饰需求进行，使其成为表现个性和风格的绝佳途径，同时还能为家庭提供舒适和美感。

因地域、文化等的差别，世界上的地毯种类样式有数百万种。地毯有多种分类，按材质分类可分为纯毛地毯、混纺地毯、化纤地毯、塑料地毯等；按产品形态有整幅成卷地毯、块状地毯、拼块地毯；按编织工艺有手工编织地毯、机织地毯、簇绒编织地毯、无纺织地毯；按表面纤维可分为毛圈地毯、剪绒地毯、毛圈剪绒结合地毯（表3-3）。

图3-77 安徽阜阳置地样板房床品设计

主卧床品设计展现了优雅与现代感的完美结合。床上使用了沉稳的灰褐色调，带来了一种温暖而舒适的感觉。被套和枕头采用了简约的线条和细腻的质地，与床头柔软的质感形成了和谐的搭配。金色边缘暗纹的床巾设计给床品中加入了一抹精致的亮点，提升了整体的奢华感。床前的长凳和床头的装饰性抱枕呼应了整体的色彩主题，增加了空间的层次感

图3-78 江阴长江御龙府女儿房床品设计

儿童房的床品设计体现了温馨和梦幻的风格。床上使用的是柔软的粉色调，这种色调与房间内的粉色调元素相呼应。白色的床单为床品设计增添了一种纯净和宁静的感觉，而枕头的选择则展现了对细节的关注——从简约的白色到淡粉色和灰色，色彩之间的过渡既柔和又和谐。床尾的粉色毛织被巾增强了床品的温暖和舒适度，为孩子提供了一个理想的拥抱感。此外，床上摆放着一个造型可爱的白色河马形状靠枕，其上星星点缀的设计，给房间带来了一份童真和梦幻般的感觉

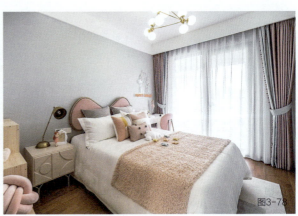

图3-77

图3-78

表3-3 地毯特点比较

分类	地毯特点
羊毛地毯	以绵羊毛为原材料，可谓地毯中的极品。体感优、弹性好、吸声效果强
纯棉地毯	与羊毛地毯脚感相似，柔软舒适，价格较羊毛低。吸水力强、清洁方便、可机洗
混纺地毯	由少量羊毛加大量尼龙或腈纶等纤维合成。保温耐磨、抗虫蛀、有弹性
化纤地毯	化纤地毯有多个种类，例如：尼龙、聚丙烯（腈）、聚酯等。绒毛不易脱落、防霉防蛀、重量轻阻燃性好
黄麻地毯	由黄麻绳及水草绳织造而成，给人感觉粗犷凉快，适合夏天。防滑性能佳、降温隔热、耐磨性好

普通的地毯可以创造出宁静与和谐的氛围，但通过巧妙地选择图案和颜色，地毯也可以在房间中引入更多的视觉张力和对比（图3-79）。以下是一些关于如何使用色彩丰富和图案独特的地毯进行装饰的建议。

（1）具有生机和引人注目图案的地毯可以自然而然地吸引人们的注意，为房间带来视觉对比。

（2）如果房间以单色调为主，选择一个色彩丰富和图案独特的地毯，可以为房间增添更多的个性和表现力。

（3）选择一个具有房间其他颜色和特点的地毯图案。这将为房间提供一个共同的基调，有助于统一所有元素。

（4）虽然鲜艳的纯色地毯可能成为房间中最显眼的元素，但可以在其他细节上适度使用相同调性的颜色。

（5）当选择更大尺寸的地毯时，图案的尺寸也会相应增加，这有助于营造更宽敞的视觉感觉。

总之，地毯的图案和色彩可以用来增添房间的活力和个性。通过精心选择地毯，可以创造出独特的室内装饰效果（图3-80）。

图3-79 不同的地毯，以展示客厅在选择地毯时的不同氛围

图3-80 日航酒店大堂
在这个空间中，地毯是软装设计中的关键元素，它与室内设计的整体配色和风格紧密相连。地毯采用了温和的黄色基调，与天花板和墙壁的灯光形成呼应，为整个空间增添了温馨和明亮的氛围。在这个宽敞的茶堂中，地毯上深浅不一的蓝色斑点设计，仿佛是洒落的墨点或云朵的影子，给空间带来了艺术性的触感和动态的视觉效果

三、布艺设计的搭配应用原则

布艺在软装设计中的搭配原则，主要在于如何通过布艺元素增强室内空间的美观性、舒适性和整体风格。以下是一些基本的搭配原则。

（1）色彩协调。确保布艺的颜色与室内装饰的整体色彩方案协调一致。选择与家具、墙壁、地板等元素相匹配的颜色，以创造出统一和谐的色彩调和效果。

（2）材质和纹理对比。在布艺的选择中考虑材质和纹理的对比。通过组合不同质地的布料，如绒布、丝绸、麻布等，可以增加空间的层次感和视觉吸引力。

（3）比例和尺寸适宜。确保布艺的尺寸和比例适合房间的大小和家具的规模。大型沙发上的靠垫、适当大小的窗帘以及合适的床上用品可以提高室内空间的平衡感。

（4）主题和风格一致。根据室内装饰的主题和风格，选择相应的布艺。不同的布艺款式和图案可以为空间赋予不同的氛围，确保它们与整体设计风格一致。

这些原则有助于确保布艺在软装设计中充分发挥作用，为室内空间增添温馨感和个性化。根据特定的空间需求和个人品味，可以灵活调整这些原则以实现满意的搭配效果（图3-81～图3-86）。

图3-81 南宁永恒朗悦国际会议中心客房

这个客房空间的布艺设计以简洁而现代的风格为主，使用了抽象图案的大面积地毯，以其丰富的蓝色和流动的线条为空间增添了动感和深度。舒适的沙发搭配了带有几何图案的抱枕，不仅为整体设计提供了色彩上的层次，也增强了空间的舒适度和居住体验。墙面的柔和色调与窗帘的深色调相呼应，整个布艺的配色和设计彰显了一种低调的奢华感，营造出一个宁静而优雅的居住氛围

图3-82 混搭风格起居室

在这个空间里，布艺设计以鲜明的色彩对比和丰富的纹理为特点，营造出活泼的室内氛围。鲜绿色的天鹅绒沙发与深蓝色的椅子形成了色彩上的鲜明对比，同时也与地毯上多彩的花卉图案相呼应。抱枕以其丰富的图案和颜色—包括黄色、粉色、蓝色和带有图案的绿色—为沙发区域增添了层次感和视觉兴趣。整个布艺设计不仅在视觉上富有吸引力，也提升了居住的舒适性，为室内空间增添了个性和温馨感

图3-83 起居室一角

在这个空间中，布艺设计巧妙地运用了不同的纹理和层次来增添舒适性和视觉兴趣。细腻的米白色织物材质单人沙发配以黑白调几何图案的披巾，为整个空间增添了微妙的纹理和深度。与此同时，柔软的窗帘和地毯增加了房间的温馨感，窗帘的半透明材质允许自然光线渗透进来，而独特的地毯则为这个阅读角营造了一个集中而舒适的空间。整体上，布艺的选择和摆放均强调了温暖和放松的氛围，营造出一个理想的静谧阅读或放松空间

图3-81

图3-82

图3-83

图3-84　法式风格起居室

新古典法式风格结合了古典与现代、经典与优雅。窗帘采用豪华的面料，与墙壁的色调协调，营造出一种柔和而温馨的氛围。地毯上线条较柔和的花朵图案与室内的古典家具风格相得益彰，而放在椅子上的披毯则增添了一抹舒适感。布艺的色彩和质感都与整个房间的浅蓝色和米色调保持一致，强调了空间的和谐与连贯性。花卉图案是法式风格很常见的元素，出现在窗帘设计或抱枕、地毯等软装之中

图3-85　北欧风格起居室

室内空间的布艺软装细节展示了简洁而自然的设计风格。沙发上的灰色和图案抱枕及带有流苏边的披毯提供了舒适感和层次感，同时也增加了空间的质感和温暖。浅色的地毯与整体空间的轻松气氛相融合，同时为家具提供了一个柔和的视觉基底。这些布艺元素不仅增加了房间的功能性和舒适性，同时也强调了一个轻松休闲的生活方式。整个布局体现了北欧设计的理念：简单、实用、接近自然，同时不失温馨和舒适

图3-86　现代风格起居室

这个空间的布艺设计展现了现代与舒适的完美结合。一个富有质感的深绿色天鹅绒沙发成为房间的中心点，其丰富的色彩给空间带来了温暖和深度。沙发上的抱枕选择了多种材质和图案，从简约的格纹到纯色，增添了层次感同时又保持了色调的协调。地面上的几何图案地毯以其黑白色调对比强烈，与沙发形成了视觉上的平衡。整体布艺选择突显了空间的优雅和时尚感，同时也确保了居住的舒适度

第六节　艺术品

一、艺术品在软装陈设设计中的作用

在室内设计领域，设计理念的探索和创新是设计不断进步的动力，随着现代社会对美学和个性化需求的增长，室内设计不仅仅关注功能性，更加重视空间的感性表达和艺术性。艺术品的引入为空间设计带来了深刻的艺术内涵和独特的情感体验。

艺术品在软装陈设设计中的角色已经超越了传统观念中的装饰物品。它们不仅仅是空间的点缀，更是承载着设计师和业主审美理念、文化品位与个性化追求的载体。艺术品的选择和布局成为一种独立的创造行为，它能够反映出空间设计的精细和深度，同时为居住者提供精神上的满足和情感上的共鸣。

具体而言，艺术品在软装陈设设计中的作用表现在以下几个方面。

（1）视觉焦点。艺术品可以成为房间的视觉焦点，吸引人们的注意力。精心选择的艺术品可以在室内空间中创建一个引人注目的中心，从而增添房间的魅力。

（2）风格和氛围。艺术品有助于界定室内装饰的风格和氛围。不同类型的艺术品可以传达出不同的情感和情绪，从而影响人们在空间中的感受和体验。

（3）个性化和表达。艺术品是装饰的方式之一，可以反映居住者的个性和兴趣。通过选择符合自己品位的艺术品，人们可以在室内空间中表达自己的风格和个性。

（4）色彩协调。艺术品的颜色可以用来协调和平衡室内色彩方案。它们可以与家具、墙壁和地板的颜色相互呼应，创造出视觉上的和谐。

（5）故事和情感。艺术品可以传达情感、故事和文化背景。每件艺术品都有其独特的背后故事，可以为空间添加深度和情感层次。

二、艺术品的种类

艺术品在室内设计中的应用极为广泛，其种类包括绘画、版画、素描、壁画、挂毯等平面艺术作品，以及雕塑、工艺品摆件等立体艺术作品。特别是浮雕作为一种结合了平面与立体特性的艺术形式，以其空间性质为室内设计增添了丰富的视觉层次。另外，随着科学技术的进步，动态艺术、灯光艺术、视频艺术等技术艺术的出现，进一步拓宽了艺术创作的边界，丰富了室内设计的表现手法。

以下是软装中一些常见的艺术品种类。

1. 画作

画作，包括油画、水彩画、素描等多种类型，是室内设计中重要的艺术元素，通过挂在墙上或摆放在画架上，为空间增添独特的艺术氛围。在选择画作大小时，需要考虑到墙面的尺寸和家具的比例。画作不应过大或过小，以避免空间失衡。一般来说，画作宽度应该是挂画墙面宽度的2/3~3/4，以达到和谐的视觉效果。在安装画作时，应挂在视线容易到达的位置，如沙发、桌子或壁炉上方。这样做不仅可以让人的视线自然地从地面上升至画作，还能确保艺术作品成为视觉焦点，增强空间的吸引力。画作陈列的建议如下。

（1）画作挂在视平线高度，一般建议将画作中心点保持在距地面145~152cm的高度，这个高度适合大多数人的视线水平。

（2）大幅而引人注目的画作宜悬挂于沙发上方或空旷墙面（图3-87）。

（3）展示多幅小画作，可以考虑采用画廊墙的形式，通过精心组合不同尺寸和风格的画作，创造丰富的视觉层次。在进行组合陈列时，保持画作之间有一定的间距，通常为5~10cm，以避免拥挤感（图3-88）。

（4）多画并陈时，以中心轴或相框的上下边缘对齐可实现视觉统一（图3-89）。

图3-87

图3-89

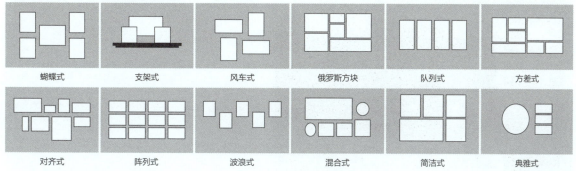

蝴蝶式	支架式	风车式	俄罗斯方块	队列式	方差式
对齐式	阵列式	波浪式	混合式	简洁式	典雅式

图3-88 成组排列创意

图3-87 单幅画作

在这个空间中，一幅大型的绘画作品成为焦点，其与周围环境的对比凸显了其艺术价值。这幅作品采用的是中国传统水墨画风格，展现了树木轮廓的优美线条和墨色的层次，给现代简约的室内设计增添了一份东方美学的韵味。作品的垂直线条与石质墙面纹理形成呼应，同时也与家具的柔和色调和质地相得益彰，营造出一种和谐而静谧的空间氛围

图3-89 多幅同等大小画作

在这个空间中，绘画作品的陈设呈现出极简主义的美学，每幅作品在风格和调性上都保持了一致性，使用了简约的黑白配色和抽象图形。画作以统一的大小和简洁的黑色框架被整齐地排列在一起，形成了一个强烈的视觉集群，增强了墙面的艺术表现力。这种排列既突出了每幅画作，又不失整体和谐，与周围的现代家具和植物元素相平衡，营造出一个既现代又舒适的生活空间

（5）大幅作品与多幅小作品组合时，可通过大小对比调节视觉重心（图3-90）。

2. 雕塑

雕塑作品作为室内设计中的三维艺术元素，能够为空间带来独特的视觉冲击和深度感。它们可以放置在入口处、客厅的中心位置或任何视线易达的重要位置，以成为空间的焦点。雕塑的材质、大小、形态和主题应与室内装饰风格相协调，以确保整体设计的和谐统一（图3-91、图3-92）。

在选择雕塑作品时，考虑其与空间的互动是关键。较大的雕塑适合作为空间的主要艺术焦点，而较小的雕塑则可以作为辅助性的装饰元素，放置在书架、边桌或壁炉台上。此外，雕塑的材质，无论是金属、木材、石材还是复合材料，都应与空间的其他材质相呼应，以增强空间的质感和层次感（图3-93、图3-94）。

安置雕塑时还应注意光线的作用。适当的照明可以强调雕塑的形态和质感，增强其视觉效果。自然光和人造光的巧妙结合可以为雕塑创造动态的光影效果，使其在不同时间段展现不同的魅力（图3-95）。

图3-90

图3-91

图3-92

图3-93

图3-90　多幅不同大小画作

这个空间的绘画作品是多幅画作的组合展示，构建了一面充满视觉冲击的艺术墙。各画作在风格和色彩上相互呼应，但又保持各自的独特性，展现了现代艺术的多样性。错落的排列方式带来秩序感，而不同大小和框形的画框增添了节奏和动感。这种陈设方式与下方的沙发形成了一种现代与复古的对比，使得整体布局既统一又具有层次感

图3-91　元禾大千空间雕塑

大厅雕塑作品以其海洋主题的设计美学，在空间中营造了一种宁静而梦幻的氛围。蝠鲼形状的雕塑仿佛飘浮在空中，它的流线形体态和平滑的曲线让人联想到一只优雅地在深海中舞动的蝴蝶。水草状的雕塑细节增强了作品的生命力，而底部水池的反光则进一步模糊了雕塑与其环境之间的界限，创造出一个生动的场景。这件艺术品不仅是视觉上的焦点，也是一种将自然元素和现代设计融合的优雅展现

图3-92　库柏力克熊雕塑

潮流玩具在现代文化中已经超越了传统玩具的定义，成为成人世界里展示个性、追求潮流，甚至投资收藏的物件。金属质感的库柏力克熊雕塑以其独特的艺术性和时尚感，不仅丰富了空间的视觉层次，也体现了居住者对当代文化的品味和个性化追求

图3-93　古典雕像

现代餐饮空间巧妙地采用了古希腊雕像作为装饰元素，巧妙地结合了古典艺术与现代设计。这些雕像赋予了空间一种历史感和文化深度，与周围的现代家具和装饰形成了有趣的对比。雕像的经典美学和精细的造型增添了空间的质感和层次，给人带来视觉上的连续性，引导着顾客的视线沿着空间流动

图3-94 男孩雕塑

书架上的男孩雕像作为软装饰，增添了空间的艺术气息和文化感。它不仅是一个视觉焦点，也是个性和故事的表达。雕塑的黑色调和光滑的表面与周围的书籍和其他装饰品形成对比，引人深思。这样的雕塑艺术品作为室内设计的一部分，传递了一种高雅和精致的氛围，同时也提供了对居住者品味的窥视，显示了他们对艺术和设计的重视。在书架这个更加私人的空间里，雕像能够反映屋主人的个性和偏好，同时增加空间的层次和深度

图3-95 中国纺织工人疗养院雕塑

此雕塑以其流畅的线条和抽象的形态，为空间增添了艺术气息和视觉焦点。雕塑的色彩和材质与其周围的深色金属框架和灰色大理石质感形成对比，使其在简约的背景中显得更加突出。它的设计可能旨在引发观者的思考和内心的共鸣，使人在匆忙的一瞥中也能感受到空间的独特性和设计者的用心。这件雕塑不仅是一个装饰品，它的存在提升了整个空间的设计层次，赋予了空间更多的个性和故事

图3-96 书架案例

书架和书籍的软装设计以其简洁和有序的排列方式，赋予了此空间现代而知性的感觉。书架上的书籍和装饰品按颜色和大小精心排列，创造了一种平静且均衡的视觉效果。这种设计不仅提供了实用的存储解决方案，还通过对物品的精心展示，强调了室内设计中的极简主义和功能美学。书籍本身的排列既展示了个人品位，也为室内环境增添了知识和文化的氛围

图3-97 书架案例

这个空间的书架设计呈现了轻松自在且充满活力的阅读环境。白色的书架与墙面融为一体，各种颜色和大小的书籍添增了色彩和个性。不规则的隔板设计打破了传统书架的形式，为摆放书籍和装饰品提供了灵活性。这样的布局不仅优化了空间的使用，也反映了居住者对生活方式的自由态度和对艺术的欣赏

图3-94

图3-95

图3-96

图3-97

3. 书籍和书架

书籍本身可以是艺术品，而书架则可以成为装饰性元素，展示收藏的书籍和装饰品。书籍和书架不仅提供了文化氛围和知识的积累，还为室内空间增添了独特的个性和温馨感。书籍通过封面、颜色和排列方式可以成为装饰元素，将个人品味和兴趣展示在客厅、书房或卧室。而书架则不仅提供了有序的储存和展示书籍的功能，还可以成为空间的装饰焦点，根据设计和材质的选择，为房间注入了艺术性和实用性的元素（图3-96、图3-97）。

4. 艺术摆件

艺术摆件指的是为了装饰和美化空间而设计的艺术品，通常具有较高的审美价值和某种程度的手工艺或艺术创造性。这些摆件不仅仅是实用物品，更多的是反映个人品味、文化修养和艺术表达的工艺品。

艺术摆件为空间赋予一致的氛围和部分的焦点，具备满足审美需求和增强艺术效果的功能。在选择室内装饰小对象时，应避免使用过多，以免造成混乱。此外，在布置它们时需要谨慎选择位置，考虑它们与周围物品的设计性质和色彩协调等因素，以突显室内装饰小物件的个性。按照材质分类可以包括以下几方面（图3-98）。

图3-98

图3-99

图3-100

图3-101

（1）陶瓷艺术品：如瓷器雕塑、手绘陶瓷等。

（2）玻璃艺术品：包括彩色玻璃、玻璃雕塑和吹制玻璃。

（3）金属工艺品：铜、铁、不锈钢等材料制成的艺术品。

（4）木质艺术品：木雕或精细的木工艺术品。

（5）石雕摆件：大理石、花岗岩等材质的雕刻作品。

（6）混合媒介：结合不同材料和技术的现代艺术品。

艺术是个性和情感的自由表达，它不受限于任何固定的形式或定义。艺术品能够触动人的内心，激发思考，或是唤起共鸣，就像艺术家塞尚所说："人人都是艺术家"，意味着每个人都有创造和欣赏艺术的能力。艺术摆件以其多样性，不仅装饰了空间，更是承载了个人的审美和情感，成为与观者之间独特交流的媒介（图3-99～图3-103）。每个人的"心头好"都可以是艺术品，因为艺术本身就是多元和包容的。

三、艺术品设计的搭配应用原则

软装陈设中的艺术品种类可以根据室内设计的目标和主题进行选择，用以增强空间的美感、个性和文化特色。艺术品的选择可以根据个人品味和预算来决定。

在软装设计中使用艺术品时，有一些原则可以有助于在软装设计中有效地使用艺术品，以增强室内环境的美感、个性和视觉吸引力。根据具体的空间需求和个人品位，可以根据这些

图3-98 不同材质的摆件

多样的材料和质地的摆件，每一件都以其独特的形式和表面处理呈现。有的摆件表面光滑，反射着灯光，如金属或玻璃材质。它们闪耀着光泽，给人以现代和精致的感觉。有的则表现出了石材或陶瓷的质朴和温润，这些材质通常给人一种自然和安稳的感觉

图3-99 客厅的茶几摆件

茶几摆件的设计简约而不失优雅。两个白色的瓶子，线条简洁、表面质感细腻，彰显了现代设计的美学。与之形成对比的是一个深色的花瓶，它的不规则形状和哑光表面吸引着观察者的目光，成为一处突出的视觉焦点。这些摆件不仅美化了空间，而且通过其形状和质地的对比，增添了空间的艺术感和层次感。同时，桌上的眼镜、杂志和点心等日常用品添加了一种生活化的温馨氛围，使得整个空间既展现了设计感，也没有失去舒适和宜居的氛围

图3-100 客厅的茶几摆件

一组精美的摆件，设计简洁而充满现代感。两个表面带有裂纹图案的独特碗和一个木质托盘，这些摆件在质地和颜色上与背景中温暖的火焰和大理石台面形成了和谐的对比。这种设计既突显了摆件自身的独特美感，又与周围的环境相融合，为空间增添了一丝自然而优雅的气息

图3-101 客厅的茶几摆件

茶几上的摆件反映了一种简洁而考究的设计理念。一本关于阿尔瓦尔·阿尔托（Alvar Aalto）的书显露出屋主人对现代设计历史的兴趣，而旁边的抽象雕塑和简约风格的蜡烛为这个空间增添了艺术感和温馨的氛围。透明的阿尔瓦尔花瓶以其纯净的线条和简洁的形状，既实用又不抢占视觉焦点，完美地衬托出花卉的自然美。摆件的整体布局以及它们在光滑的玻璃茶几上的反射，共同营造了一个既现代又有层次感的居住环境。这种摆设不仅展现了屋主人的品味，也强调了功能性与美观性的平衡

图3-102 书桌摆件

在这个简洁的空间中，桌面上的装饰品精选了带有红色调的鸟摆件和和谐的花瓶，两者在色彩上呼应，同时以其简洁而优雅的造型为空间添加了一丝活力和艺术感。鸟的动态姿态与花瓶中自然伸展的植物形成了生动的对话，这种设计既展示了对自然美的追求，也体现了对现代设计简洁线条的喜爱。摆放在书堆旁的这些物件，不仅为观者提供了视觉上的愉悦，也暗示了居住者对生活中细节之美的重视

图3-103 茶台摆件

在这个静谧的桌面布局中，每件摆件都以其独有的方式贡献着一种宁静和平衡的感觉。青色的香炉随着升腾的烟雾流露出一种神秘与古典美，而银灰色的瓶子则以其简洁的曲线和现代感的质感为环境带来了现代艺术的气息。茶盘上的茶杯和茶壶与香炉和瓶子形成了文化和时间的对话，融合了传统与现代元素，创造了一个既适合冥想也适合社交的空间。整体上，这些摆件的色彩、形态以及材质的巧妙搭配展现了一种精致的生活艺术，强调了细节在创造氛围中的重要性

图3-104 艺术品软装案例

空间通过艺术品软装的巧妙搭配展现了一种细致而考究的新中式空间美学。淡墨意向山水画背景为空间增添了深度和文化气息，而桌上摆放的小型雕塑和艺术品则提供了层次丰富的视觉焦点。太湖石摆件犹如山水画中的山石，带来一份山水意境；铜香炉散发着淡淡的清香，勾勒出传统的仪式感；茶具展示架将精致的茶具摆放整齐，展现主人的品茶之道；古代书籍和竹简散发着岁月的沉淀和智慧的气息，为空间增添文化底蕴；而松枝盆景则带来一份清新自然之美，与茶文化相辅相成，共同构成了一幅和谐的艺术画卷，勾勒出了茶桌上的独特韵味

图3-105 新中式空间摆设

这个新中式风格的空间通过软装中的艺术品展现了精致和雅致。挂墙上的中国山水画是空间中的文化核心，它传递了传统美学和对自然的崇敬。装饰台上的简约陶瓷灯具和枝状装饰物增添了一种现代感，同时与传统禅味元素摆件和谐融合。整个空间的布置体现了中式设计的含蓄与平衡，通过现代和传统元素的结合，传达出宁静和优雅的氛围

原则进行灵活的选择和布置。

（1）主题和风格一致性。确保艺术品与整个室内装饰的主题和风格相一致。不同的主题和风格需要相应的艺术品，以确保空间的统一性（图3-104）。

（2）色彩协调。选择艺术品的颜色与室内装饰的色彩方案相协调。艺术品的色彩可以与家具、墙壁、窗帘等元素相呼应，创造出和谐的视觉效果。

（3）尺寸和比例适宜。考虑艺术品的尺寸和比例，以确保它们与墙面或空间的大小相称。大型墙面可以容纳大型艺术品，而小空间适合小型作品或多幅小作品（图3-105）。

（4）平衡和对比。使用艺术品来平衡空间中的其他元素，或者通过对比来吸引注意力。例如，在一个充满纹理和图案的空间中，选择一个简单的艺术品可以提供平衡。

（5）焦点和层次感。选择一个或多个艺术品作为空间的焦点。通过创建层次感，将不同尺寸和类型的艺术品组合在一起，增加视觉深度。

图3-104

图3-105

图3-106　照片墙

家庭照片墙以精心排列的摄影作品集结成一个视觉焦点。各种大小的框架以黑色边框进行统一，形成了一面富有节奏感和层次感的墙面艺术。这面墙不仅讲述了家庭的故事，也是个性化装饰和回忆的展示，增添了空间的温馨与历史感

图3-107　画作墙

在这个居室的软装设计中，设计师精心挑选了一系列画作和摆件，打造了一个充满个性和文化气息的生活空间。墙上的画作集合了多种风格和时期的艺术，从古典到现代，每一幅作品都为室内增添了一层故事和深度。画框的多样性在视觉上增加了层次感，反映出居住者对艺术多样性的欣赏

（6）多样性和个性化。引入多样性的艺术品类型，如画作、雕塑、摄影作品等，以丰富空间的视觉体验。同时，添加一些个性化的艺术品，反映居住者的兴趣和个性。

（7）照明和展示。确保艺术品得到适当的照明和展示。使用照明来突出艺术品的细节和色彩，并选择合适的展示方式，如画框、画布、装饰架等。

（8）情感和故事。选择那些具有情感和故事性的艺术品，可以为空间增加深度和情感层次。了解艺术品背后的故事和艺术家的意图可以更好地欣赏和理解作品（图3-106）。

（9）个人品位和兴趣。最重要的是，选择与个人品位和兴趣相符的艺术品。艺术品应该是个人欣赏和喜爱的，以使人在家中感到舒适和愉悦（图3-107）。

本章总结

在本章学习中，学生需要掌握色彩的心理影响和色彩搭配原则；了解当下的色彩趋势及其在软装陈设设计中的应用。掌握不同软装元素的特性，包括耐用性、舒适度和美学价值。学习如何根据不同空间的功能和风格选择和搭配软装元素。难点在于理论在实践中的应用比学习理论本身要困难，正确把握各设计元素搭配的微妙之处，创造出和谐而有吸引力的空间，需要大量的练习和敏感的审美感知能力。

课后作业

1. 课堂练习

（1）颜色搭配游戏。

目标：让学生理解颜色搭配的基本原则。

方法：提供不同颜色的纸张或布料，让学生尝试创造出美观的颜色组合，并解释他们的选择。

（2）材料触感体验。

目标：识别和比较不同材质的特性。

方法：准备一系列不同材料的样品（如丝绸、棉、麻、皮革等），让学生触摸并描述每种材料的感觉，讨论适用于什么样的设计。

（3）风格速成课。

目标：快速识别和模仿各种软装风格。

方法：展示不同的设计风格（如现代、乡村、新中式等），让学生选择其中一种风格，并尝试用纸上草图或小型模型来模拟这种风格。

2．课下练习

（1）市场调研。

目标：市场调研是学生了解市场和消费者需求的重要手段。以装饰材料市场调查环节为突破口，组建了课外活动小组，引导学生在课余进行文献检索，在网上进行产品调查，在扩大知识面的同时紧跟学科和知识的研究前沿，然后进行有针对性的市场调查。

在市场调查过程中，要求学生按照个人兴趣分组（每组4~6人），设立本组调查课题名称和课题计划，初步拟定调查计划、调查目标和调查范围。教师在对课题名称和课题计划的审查中，必须要留意各小组组长的选择，在调查内容和调查对象的选择上特别注意方案的可行性。

任务：要求调查小组以PPT的形式，把各类软装元素的性能、特点、用途以及产品图片分类制作，同时以课题答辩的形式打分。

（2）颜色日记。

目标：培养对颜色的敏感度和应用能力。

任务：要求学生每天记录他们遇到的颜色组合，并尝试在家中或周围环境找到好的颜色搭配案例。

（3）软装设计研究报告。

目标：加深对软装设计趋势和技术的理解。

任务：选择一个软装主题（如窗帘设计、床品搭配等），进行详细的研究，并撰写报告，报告中需包含市场调查、趋势分析、设计案例等。

（4）软装风格元素深度分析。

选择一个风格空间案例图作为分析对象，详细分析空间中的各个软装元素（如窗帘、地毯、照明、装饰品等）。探讨这些元素是如何融入整体风格，以及它们对空间氛围的影响。

资源链接：风格软装效果

（5）家居软装改造计划。

目标：实践在真实环境中的软装搭配技巧。

任务：让学生选择家中的一个房间或角落，制定一套软装改造意向方案，通过颜色方案、材质选择、装饰品搭配等来完成。

通过这些课堂和课下练习，学生不仅能够理解软装设计的理论知识，还能通过实践活动加深理解，培养审美和设计技能。教师应根据学生的进度和反应适时调整练习的难度和深度，以确保学习效果。

思考拓展

智能家居还是智能家具？

数字媒体技术会成为软装陈设设计中新的设计元素吗？

课程资源链接

课件、拓展资料

第二部分

软装陈设
设计实践

第四章

居住空间软装设计实践

居住空间不仅是人们生活的场所，更是反映个人人格和生活品位、追求情感交流及家庭幸福的重要生活空间。与"一用便是永恒"的传统室内装修概念不同，现代居住空间设计更加强调及时更新、个性化的审美理念。室内空间的设计应围绕审美功能、舒适性、合理性和艺术性进行，以满足现代人对居住空间的综合需求。

第一节　设计调研和分析

设计初期，进行全面的调研并与客户建立有效沟通至关重要。这一阶段的调研分析不仅为确定设计方向提供了基本依据，还涵盖了从宏观环境到微观细节的各个层面，为整个设计过程提供指导。

一、需求分析

用户需求分析

用户需求分析旨在通过用户调研和用户画像的方法深入挖掘和明确目标用户群体的具体需求和期望。这一过程涉及收集有关目标用户的广泛信息，包括但不限于他们的生活方式、偏好、需求以及他们与产品或服务的互动方式。常用的调研方法包括问卷调查（图4-1）、深度访谈以及观察研究等。

📎 资源链接：客户需求调查表

客户需求问卷

愉快的软装体验来自精益求精的天都与颇为深刻的感悟，
愿我们共同开启美好软装之旅！

××软装设计公司
年　月　日

基础信息

客户姓名		联系方式			楼盘名称		房屋户型	
建筑面积		装修状况		精装修改	楼盘地址			
交房时间		预计入住时间			预计方案沟通时间		风水信仰供奉方位	
过往装修次数		过往家具风格		混搭	合作/了解过的公司			
过往对软装印象深刻的有哪些								

Q1：住宅使用倾向
○提升生活品质　○度假　○养老　○会所
○投资　○婚房　○其他_____

Q2：请用几个词来表达您的梦想之家
○奢华　○时尚　○文艺　○温馨舒适　○轻松浪漫　○乡村质朴
○异国风情　○怀旧　○禅意　○雅致　○与众不同
○其他_____

图4-1　用户调研问卷

用户画像是基于调研数据构建的虚拟用户模型，详细描述了用户的基本信息、生活方式、喜好和需求。这一模型帮助设计师和产品团队在整个设计和开发过程中，持续关注并满足用户需求（表4-1）。

表4-1 　　　　　　　　　　　　　**用户画像内容**

类别	包含内容	作用
基本信息	家庭结构、年龄、性别、职业、教育背景	了解用户的社会属性
心理特征	喜好、价值观、生活态度、购买动机	了解用户的生活方式
审美偏好	喜欢的色彩、材质、风格等	定制个性化的方案
功能需求	对空间功能的特定需求、挑战和问题	了解空间使用需求
生活环境	居住条件、社交环境、文化背景	了解用户情感需求

二、场地分析

场地分析要求设计师亲自考察空间，测量尺寸，并通过拍照来记录空间的特点。这一过程中，特别需要关注光线、流线等可能影响最终设计的关键因素。与此同时，重要的是要认识到软装设计（如家具、窗帘、装饰品等）与硬装设计（如墙面、地板、固定装置等）在现场调研阶段的差异，这些差异主要体现在调研的重点、方法和目的上（表4-2）。

表4-2 　　　　　　　　　　　**软装和硬装的场地调研区别**

差异性	软装场地分析	硬装场地分析
重点	软装调研关注的是室内装饰和陈设如家具、窗帘、价格、艺术品等。调研内容偏向于风格、色彩、材质、舒适度和美学价值	硬装调研通常集中在建筑和结构要素，如墙体、地板、天花板、固定装置等。调研重点可能包括材料质量、施工、施工和成本效益
方法	包括并不局限于实地考察零售商店、展厅，以及与设计师、供应商的交流，收集消费者反馈，甚至参与产品陈列来评估舒适度和功能	现场勘察可能更注重建筑结构和材料的技术参数，施工方法，以及与建筑师和工程师的深入讨论
目的	主要为了提升空间的美观性和实用性，满足用户的审美和舒适需求，同时跟踪最新的设计趋势和消费者喜好	旨在明确装修面积，确保结构的安全性、功能性和长期耐用性，同时符合规划和建筑标准

三、功能需求

功能需求的分析涉及对空间的功能区域进行详细梳理，并明确每个区域的具体需求。一般而言，住宅的室内结构包括卧室、客厅、厨房、卫生间、走廊及阳台等。每个空间的使用目的不同，例如，客厅不仅是家庭成员进行育儿、阅读、教育、学习、对话、娱乐、观看电视和休息的场所，也是家庭成员共聚的公共空间，承载着家庭生活的大部分社交和活动。

随着现代生活质量的提升，居住空间的功能已经从单一的居住需求转变为综合考虑生活乐趣和功能性的多功能空间（表4-3）。考虑到家庭成员的年龄、职业和兴趣差异，设计时应充分分析生活活动的因素，合理布置家具和空间，以最大限度满足各成员的需求。

表4-3   **居住空间功能区域需求**

空间分类		功能需求内容
客、餐厅		可以进行多种活动的多功能共同生活空间（读书/交谈/吃饭/学习/电视/音乐/电影等）
厨房		制作食物的工作空间，需要重视功能和动线
卫生间		作为能够感受到缓解紧张的舒适感的场所，需要满足洗漱、沐浴、如厕行为的功能性空间
卧室	主卧	作为私人的、独立的场所，需反映个人的喜好
	儿童房	需要特别对待成长中的儿童（家具及颜色）
	老人房	以安全第一的切合老年人的生理、心理与健康的需要的空间
	一般卧室	进行身心休息的重要功能空间
	书房	冥想，集中处理事情等个人工作的空间，安静而平稳的空间，也是可以享受音乐或个人兴趣的空间
	更衣室	从就寝和休息的区域分离出来的空间，设置衣柜及饰品等的收纳和镜子等
玄关和走道		决定居住空间第一印象的地方。引导室内移动路线的入口——玄关和走廊是连接空间和空间的连接空间
阳台（扩张空间）		作为服务空间，可以从事收纳、工作（洗衣服等）、种植花草等兴趣活动。设计时可将现有的空间扩张或作为新的空间（收纳空间/书房等）使用

四、时间进度表

制定详尽的时间进度表是确保设计项目顺利进行的关键步骤。这一时间表应包括设计改进、材料采购，以及实施各阶段的具体时间点，确保项目的每个组成部分都能按照预定的时间顺序完成和交付。这不仅有助于项目团队高效协作，还能确保客户对项目进展保持清晰的了解，并及时调整计划以应对可能出现的任何延误。

在项目的每个阶段，都应明确具体的里程碑和截止日期，包括设计草图提交、设计方案确认、材料采购完成、施工开始和结束等关键时间节点。同时，建立灵活的时间缓冲区域，以应对不可预见的事件，确保项目能够顺利完成（表4-4）。

表4-4　　　　　　　　**××项目周期表计划（××年××月××日）**

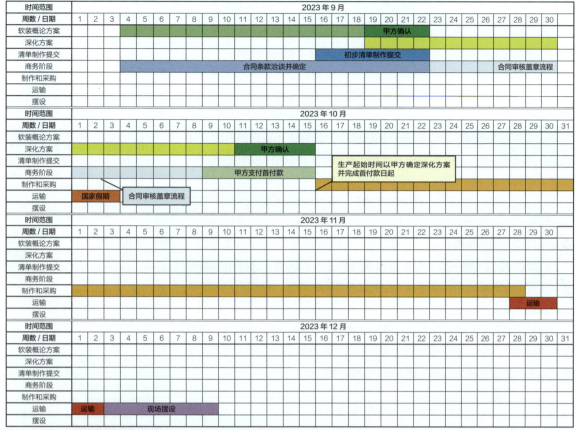

注　此项目周期计划表会按时间情况随时更新，如甲方确认时间延后，设计周期相应顺延。

- 和甲方确认
- 清单制作
- 摆设周期
- 合同条款洽谈并确定
- 概念方案
- 国家假期
- 制作和采购
- 合同审核盖章流程
- 深化方案
- 运输时间
- 深化方案调整
- 甲方支付款

五、市场调研

　　考察市场上可用的材料、家具和装饰品，以及紧跟最新的设计趋势和技术创新。通过市场调研，设计师能够获得关于哪些材料和产品能最好地满足项目需求和客户期望的宝贵信息（图4-2）。

六、预算评估

　　基于之前的市场调研结果，涉及对项目所需材料、家具和装饰品的成本进行初步估算。预算评估不仅为设计师提供了一个财务框架，还确保了设计决策的经济可行性和可实施性。

　　通过上述调研和分析步骤，学生能够系统地收集和分析关键信息，这不仅为之后的设计方案制定提供了坚实的基础，也增强了对项目需求深入理解的能力。

作业内容

每两位同学组成一组，分别扮演客户和设计师的角色。

研究案例平面图：对案例平面图（图4-3）进行分析，识别各个房间和功能区域，讨论每个区域的潜在用途和设计的可能性。

创建客户档案："客户"同学定义一个虚构客户的用户画像，包括生活方式、喜好和具体需求。用户画像应尽可能详细，以便"设计师"同学更好地理解客户需求。

图4-2　软装陈设市场调研

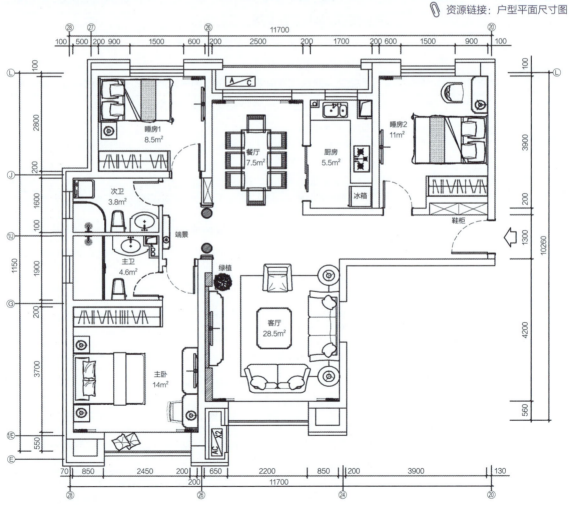

资源链接：户型平面尺寸图

图4-3　平面布局图

讨论并确定设计需求：基于客户档案，两位同学讨论并确定目标空间的使用需求和设计目标。"设计师"同学提出初步设计想法，"客户"同学提供反馈，双方不断调整直至达成一致。

制定时间表：确定项目的起止日期，包括每个阶段的开始和结束时间。仅需要涵盖从设计调查、设计、设计汇报方案完成阶段。

第二节　设计方案制定

一、风格和概念确定

在设计方案的制定初期，设计师根据先前的调研分析结果，明确客户的偏好和生活方式，结合当前设计趋势，设计师会选择一个或多个风格融合以创造独特且个性化的空间。

基于确定的设计风格，设计师进一步形成贯穿整个设计过程的设计概念，这个概念通过草图、情绪板等工具进行可视化，帮助客户理解设计意图。确定风格和概念是一个迭代的过程，需要设计师与客户之间的密切合作和沟通。

情绪板（图4-4）是将抽象概念转化为具体可视化表达的有效工具，又称为心情板或概念板，是设计过程中用于可视化设计概念、风格、色彩、材质和氛围的工具。它通过集合图片、色彩样本、材料、纹理和有关元素的拼贴来传达设计的视觉和情感目标，帮助设计师和客户共同理解和

图4-4　设计意向表现情绪板
设计意向情绪板采用意向效果图对不同功能空间的设计进行了具体的视觉表达，不仅展示了空间整体风格意向，还细致到局部家具、装饰品等元素，并给出了色彩定位和材质定位

沟通项目的设计方向。情绪板不仅能够激发创意思考，还能确保设计团队和客户在项目初期就对设计意图达成共识。

知识点

（1）设计情绪板（mood board）是图像、视频、字体和颜色的拼贴。它们用于传达视觉方向、反映风格或传达情绪。许多创意产业使用它们来传达各种内容，包括如下几点。

1）概念化。可视化并探索创意。

2）灵感。提供灵感源泉，激发新想法和新方法。

3）沟通。向客户、利益相关者或团队传达视觉概念和设计方向。

4）品牌与标识。传达个性、风格和品牌价值。

5）室内设计。展示配色方案、家具风格和纹理。

（2）意向效果图用于展示设计师的设计概念和意向。这种图像通常基于计算机生成的三维模型，可以呈现建筑物或室内空间的外观和布局。意向效果图通常并不是最终确定的设计方案，而是用来传达初步的想法和可能的方向。

1）概念表达。意向效果图能够有效地传达设计团队的概念和创意。这可能涉及建筑外观的整体形状、风格、色彩搭配等方面的初步设想。

2）空间布局。如果是室内设计，图像可以展示不同空间的布局，包括家具摆放、功能区域划分等。这有助于客户更好地理解设计团队对空间的规划。

3）材质和质感。使用渲染软件展示不同材质和质感，以使设计更为真实。这可以包括墙壁、地板、家具等的材质效果。

4）风格和氛围。图像能够展示空间设计的风格定位，以及营造出所期望的氛围。这有助于客户感受到设计中存在的氛围和情感。

5）多角度呈现。提供不同角度的图像，以展示建筑或空间的全貌。这有助于客户更全面地了解设计概念。

6）快速反馈。意向效果图在设计构思阶段还可以用于获得快速反馈。客户可以通过观看图像并提出反馈，帮助设计团队进一步完善设计方案。

二、色彩和材质定位

在设计方案制定过程中，材料和色彩的规划与空间的有效构成同等重要。空间感和形象的形成，实质上是围绕材料和色彩的精心选择和应用。色彩和材质定位的目的是通过细致入微的规划，为空间创造出独特的感觉和形象，使其成为一个既实用又具有视觉吸引力的环境。

色彩定位环节则是确定空间的主色调和辅助色调，确保色彩搭配不仅符合设计主题，还能营造出和谐且吸引人的视觉效果。通过精确的色彩定位，设计师能够强化空间的整体氛围，同时也能突出空间的特定功能和情感表达（图4-5）。

材质定位涉及对各种材质和纹理的精挑细选，包括地毯、窗帘、抱枕等元素。这一选择过程必须紧密依托于预先确定的设计风格和色彩方案。选择材质时，不仅要考虑其视觉效果，如颜色、纹理和光泽，还需要考虑材质的实用性，包括耐用性、舒适度以及维护的便捷性。例如，选择地毯时，除了颜色和图案要与整体设计协调外，还需考虑其抗污染能力和耐脚

色彩定位

空间大面积色调以暖白色调为主，局部点缀橙红色调，将整个空间升华为一个高雅精致的生活空间，精致的银色系，带着一丝冷艳与华贵，与之对比鲜明的摆件，透露出对生活的热爱，每个精致的陈设品都流露出对浪漫的追求和向往。

色彩组合含义：明亮、典雅的简欧气息

图4-5

1. 窗帘
2. 水晶灯玻璃平面
3. 水晶灯灯罩
4. 餐椅皮革1
5. 休闲椅皮革
6. Hermes餐椅面料2
7. 地毯颜色和地毯
8. 餐桌饰面
9. 墙板

更新的窗帘

更新的墙板

更新的小地毯

图4-6

图4-5　色彩定位图

图4-6　材质定位图

图中展示了室内设计中使用的各种材料和纹理，包括石材、木材、金属和织物样本。不同的材料之间的结合显示出对比与和谐，如冷暖色调的对比，粗糙与光滑表面的结合，以及有机与工业质感的融合。这样的材质组合有助于形成一个多层次、有深度的空间设计方案

感；窗帘的材质不仅要美观，还应具有适当的遮光性能，以满足不同功能区域的需求（图4-6）。

知识点

材质分析图在室内设计过程中扮演着至关重要的角色。它的主要作用包括如下。

（1）视觉呈现。将设计概念中预期使用的各种材料和纹理以可视化的方式展示出来。

（2）材料搭配。帮助设计师和客户理解不同材质和颜色如何在实际空间中协同工作。

（3）感官体验。允许感受各种材料的质地，从而预见它们在空间中的触感和视觉效果。

（4）决策工具。为设计师和客户提供一个共同讨论和选择最终材料的平台。

（5）成本估算。通过对选定材料的审视，有助于进行预算规划和成本控制。

（6）执行指南。确保在实施阶段，施工团队能够按照预定的设计方案选用正确的材料。

作业内容

确定设计风格：依据上一个作业得出的设计需求提出一个或多个设计概念。考虑将客户的生活方式、喜好和需求融入设计风格中，确保设计既实用又反映客户个性。

形成设计理念：鼓励创新和创意思维，尝试将客户的个性和生活方式融入设计中，创造独特的设计方案。

设计概念可视化：绘制设计草图并创建情绪板，包括色彩定位、材料定位、空间氛围意向和家具意向等。

颜色与材料定位：根据设计概念，完成颜色和材料的定位工作。这包括深入考虑材料的纹理、颜色及其对空间感觉和氛围的影响。所选的颜色和材料应当既支持设计概念，又考虑到材料的实用性与耐用性。

三、方案制定

1. 平面方案确定

在综合评估并最终确定设计方案之后，为了顺利进入实施阶段，必须准备一套详尽的设计文档。平面布局图作为这些文档中的核心部分，是一种关键的设计表现工具。它提供了从顶视角对空间布局进行观察的视图，详细描绘了各个功能区域之间的相互关系。

平面布局图不仅为软装摆设和整体空间效果的规划提供了蓝图，还明确指示了家具的放置位置（图4-7）。这使设计师和客户能够准确衡量各区域的相对尺寸和布局结构，确保空间规划的合理性和实用性。通过平面图，可以清晰地看到空间中的流动路径，这预示着居住者将如何与家具互动以及他们在家中移动的可能路径。

此外，平面布局图还是检验空间尺寸与家具规模是否匹配的实用工

图4-7 彩色平面布局图

具。如果家具的数量或尺寸超过了空间的承载能力，不仅会妨碍居住的舒适性，还可能需要对设计方案进行调整。因此，空间规划过程中必须仔细确定各软装元素的位置，包括家具、装饰品、艺术品的摆放，以及流动路径的设计，确保空间既美观又实用（图4-8）。

2. 软装效果图

继平面方案确定之后，下一步是制作软装效果图。这一阶段的目标是根据各空间的功能需求和预期的居住行为，精心规划家具的布置、选择合适的家具数量及其尺寸。软装效果图基于平面布局图制作，旨在直观展示各个房间的用途和预期氛围（图4-9）。

软装效果图的制作，考虑到了实用性与美观性的平衡，通过细致的视觉呈现，展现了设计师对空间功能性与审美的深入理解（图4-10）。这

图4-8 软装陈设布局图

图4-9 硬装与软装效果图对比

通过软、硬装效果图对比，可以看到软装陈设的变化对空间的氛围影响，软装效果图依据硬装风格，仅通过软装陈设元素的调整来达到更符合甲方需求的空间效果

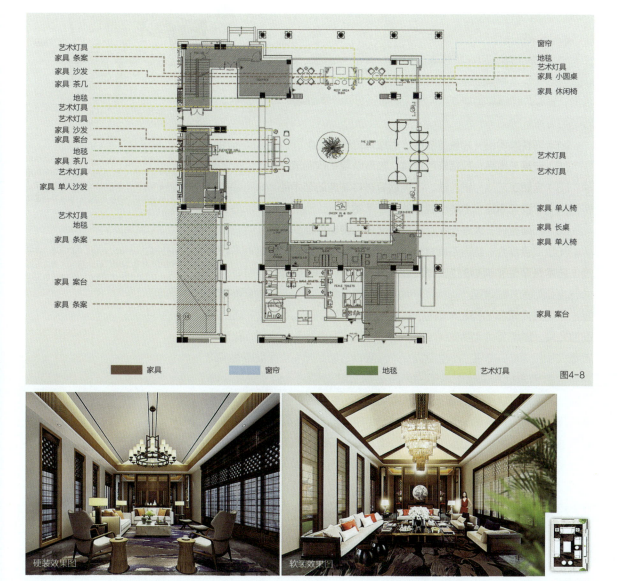

图4-10

一步骤是整个设计过程中不可或缺的部分，它桥接了设计概念和实际实施之间的关键环节。

3. 照明配置图

构成空间形象的另一个要素是照明设计，尤其是在夜晚，人工照明相较于自然照明通过窗户进入的情况，起到了决定性的作用。在规划照明配置时，首要任务是基于平面布局图中的家具排布和预期的活动行为来决定照明的具体位置和类型。

照明配置的规划应该考虑多种照明方式的结合使用，包括环境照明、任务照明和重点照明，以满足不同空间和使用需求。环境照明提供基础照明，创造温馨舒适的背景氛围；任务照明针对特定活动区域，如阅读或工作区；而重点照明则用于突出空间中的艺术品或设计元素。

此外，照明配置也需要考虑灯具的风格和设计，确保与整体空间设计协调一致。通过精心设计的照明配置，不仅可以提升空间的功能性和舒适度，还能增强空间的美学价值和情感表达（图4-11）。

4. 软装陈设配置

软装陈设配置图以图纸或图像的形式详细展现了空间中软装布置和搭配的方案。这种图像能够生动地展示家具、装饰品等元素的样式、材质、颜色，从而为客户提供一个直观的空间感受。它们是理解空间最终外观的关键，使客户能够清晰地预见到空间布置完成后的效果。

软装陈设配置图的主要优势在于其直观性，它帮助客户更好地把握空间布局和软装元素的搭配细节，从而对所需购买的家具和装饰品有一个具体的认识。此外，这也为客户提供了一个有效的预算规划工具，便于他们根据展示的软装方案进行成本估算和预算分配（图4-12）。

作业内容 细化设计方案

绘制彩平图：学生首先需要基于确定的设计概念，绘制一个彩色平面图，展示空间布局、主要的结构元素以及它们如何与设计概念相互关联。

绘制软装效果图：应展示家具、照明和装饰品的相关之间的搭配效果。效果图应清晰地反映出空间的流动性、功能区域的划分以及软装元素的相互关系。

图4-10 软装陈设效果图
区别于硬装效果图注重展示空间的结构和基本装修风格，软装效果图注重展示家具和装饰品的搭配效果。设计师通常会通过软装效果图展示家具搭配、色彩搭配、装饰品摆放等，呈现空间的氛围和舒适度，效果图中采用的软装陈设元素均为市场可购买实物

图4-11 照明布局图

这张照明规划图展示了一个空间内各种照明元素的布局意图。包括各类灯具如吊灯、壁灯、台灯和嵌入式筒灯，它们被策略性地放置以满足空间的功能性和美学需求。通过这种细致的规划，每个区域都能获得适当的照明，同时也强调了空间中的关键设计元素和艺术品。整个照明设计需要考虑直接照明和间接照明，以及可调控的智能照明系统，确保了灵活性和实用性

图4-12 软装配置点位图

软装配置点位图是在室内设计项目中用于表示软装平面图中相对应的家具和配饰等的软装元素的真实款式。在平面图上用数字或者字母标注出各种软装饰品和配件的具体位置和摆放点位，并配以软装配置元素真实图片

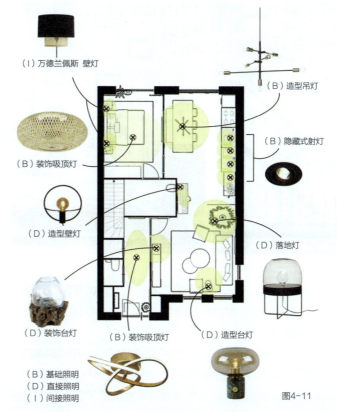

（I）万德兰佩斯 壁灯
（B）造型吊灯
（B）隐藏式射灯
（B）装饰吸顶灯
（D）造型壁灯
（D）落地灯
（D）装饰台灯
（B）装饰吸顶灯
（D）造型台灯

（B）基础照明
（D）直接照明
（I）间接照明

图4-11

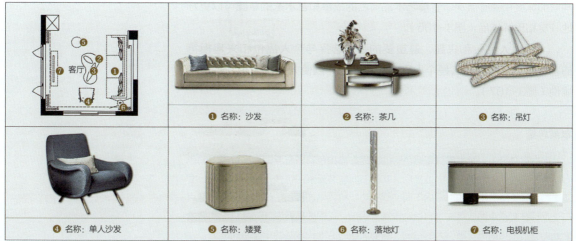

客厅	❶ 名称：沙发	❷ 名称：茶几	❸ 名称：吊灯
❹ 名称：单人沙发	❺ 名称：矮凳	❻ 名称：落地灯	❼ 名称：电视机柜

图4-12

绘制软装配置图：结合平面图，给出空间软装各元素的真实款式，可添加页码。

四、预算编制

编制软装陈设预算是确保室内设计项目在合理范围内控制成本的重要步骤，是经过综合考虑客户需求、市场行情和实际情况，确定了合理的预算范围及分配方案。该方案详细列出了各类软装饰品和配件的清单，包括家具、窗帘、地毯、灯具等，注重了品质与性价比的平衡。在预算中留有

适当的余地以应对可能的变动和意外费用，同时通过调研和比价，选择可靠的供应商和购买渠道。此外，方案还考虑到了个性化定制和特殊需求，确保了整体设计的完整性和满足客户的期望（表4-5）。

📎 资源链接：软装配置清单

合同编号：＿＿＿＿＿＿＿＿

表4-5 　软装工程合同清单　　项目名称：× × × ×

位置		序号	物品项目	尺寸	图片	数量	单位	金额	材质
主	次								
家私									
玄关			鞋柜	W1600×D300×H750		1	张	—	木饰面
餐厅			餐台	W1500×D900×H750		1	张	—	木饰面
			餐椅	W480×D520×H880 座位高H450		6	张	—	木饰面+扪布
客厅									
			三位沙发	W2400×D950×H750 座位H420，扶手H650		1	张	—	扪布+木饰面脚
			双位沙发	W1800×D950×H750 座位H420，扶手H650		1	张	—	扪布+木饰面脚
			角几	直径600，H600		2	哥	—	木饰面+扪布
			茶几	W800×D1000×450		2	张	—	木饰面
			单位沙发	W720×D800×H750 座位H420		2	张	—	木饰面+扪布

作业内容　制定软装陈设预算

　　编制预算表：通过网络研究或实地考察，估算所需材料、家具和装饰品的成本。包括但不限于软装、设计费用等。

五、确定与采购

　　软装陈设设计的确定和采购阶段涉及客户对设计方案的最终批准，预算的审定，精选供应商和产品，管理采购订单，安排物流和产品交付，并在产品到达后进行质量检查与现场安装，最后对装饰细节进行审查和必要的调整，以确保设计的每个方面都符合既定的视觉和功能标准，同时满足客户的财务和时间要求。

　　这个阶段包括以下几个步骤。

　　（1）设计确认。客户审阅并批准设计师提出的最终设计方案，包括颜色方案、家具、布艺、照明和其他装饰元素。确认设计细节，如尺寸、颜色、材质和风格，以确保所有元素与整体设计概念一致。

　　（2）预算审定。根据最终设计方案和客户预算，进行成本核算。调整采购清单以符合预算限制，必要时替换或删减某些元素。

　　（3）供应商和产品选择。根据采购清单选择合适的供应商或零售商。考虑到质量、成本、供货周期和供应商的信誉。

　　（4）采购管理。下订单购买所有批准的软装物品。管理订单进度，确保所有产品按时到货。

　　（5）物流和交付。安排运输，确保所有软装物品安全到达指定地点。确定交付时间表，以便与施工进度相协调。

　　（6）现场确认。产品到货后，进行现场确认，检查产品质量和规格。如有损坏或不符合规格的物品，及时与供应商沟通解决。

　　（7）安装和布置。安排专业团队负责安装和布置软装物品。根据设计方案进行摆放，并进行最后的调整。

　　（8）审查和调整。在所有软装元素就位后，进行整体审查，确保每个细节符合设计要求。必要时进行微调，以达到最佳效果。

　　（9）后期服务。提供维护和保养指南，确保软装元素的持久性。建立售后服务渠道，以便客户在使用过程中遇到问题时能得到支持。

第三节　设计方案呈现

　　软装陈设设计方案的汇报文本应当详细、专业而且条理清晰，以确保设计意图、设计概念和实施细节能够被完整而准确地传达给听众。一个典型的软装设计方案汇报文本通常包括以下部分，但不限于封面、目录、项目分析、设计理念、风格定位、平面布置、软装方案、封底。

一、封面

在明确项目名称的同时，封面排版应着重于营造设计主题，展示设计者的品位，排版可以优雅或简约，关键在于要和设计主题协调一致，可以设计一个吸引人的视觉元素，如代表设计方案的图片或图形。有时候设计师名字或设计单位的名称会写在封面上（图4-13、图4-14）。

图4-13 总封面

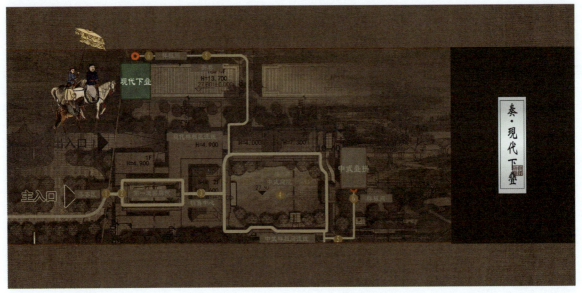

图4-14 节点封面

二、目录

目录索引是整个文件的内容概括，需要根据逻辑性和顺序性列举清楚。版面要清晰列出报告的主要部分和各部分的页码，并确保目录的顺序与报告内容一致（图4-15）。

图4-15　目录

三、项目分析：要依据项目而定

项目分析包括对项目背景、目标用户、项目位置和功能需求的详细描述，分析可能影响设计的因素，如光线、空间尺寸和用户行为。住宅类项目主要分析用户画像，如：人物定位、家庭情况、兴趣爱好等（图4-16）。

图4-16　客户定位

四、设计理念：整个方案的灵感和推导过程

　　设计理念部分说明设计如何满足功能需求和审美目标，描述设计灵感和创意来源，明确项目的风格方向。包括并不局限于主题情景、元素提炼、氛围意向图及硬装效果图或材料板等，来源多元化，借鉴硬装设计元素也可以（图4-17、图4-18）。

图4-17　设计理念

图4-18　设计定位

五、色彩和材质定位

　　软装陈设方案的风格必须与硬装风格相互协调，基于风格定位的色彩和材质的定位，是由设计理念推导出的结论，有前后的逻辑关系，是设计师把控空间整体氛围和风格的重要依据（图4-19、图4-20）。

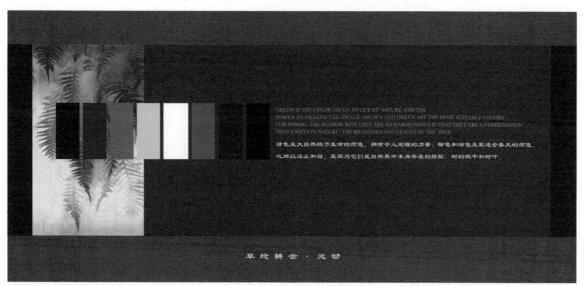

图4-19 色彩定位

图4-20 材质定位

六、平面布置

平面布置图展示房间的功能区分以及家具的布置。呈现方式比较多样，有除去多余的辅助线，让画面看起来简洁清爽；也有采用彩色平面图的形式等（图4-21）。

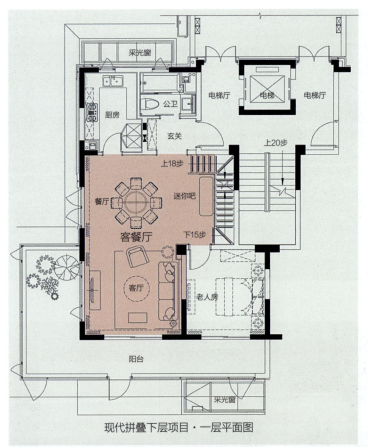

现代拼叠下层项目·一层平面图

图4-21　平面布局图

七、软装方案

　　软装方案是整个文件的重点，根据概念分析罗列出平面上每个空间的设计意向，展示所有软装元素的详细选择，包括家具、地毯、窗帘、墙面装饰、灯具和其他配件，包括材料样本、颜色方案和产品图片（图4-22~图4-24）。

图4-22 客厅与餐厅软装效果图

| ❶ 名称：多人沙发 | ❷ 名称：单人沙发 | ❸ 名称：矮凳 |
| ❹ 名称：茶几 | ❺ 名称：电视柜 | ❻ 名称：吊灯 | ❼ 名称：边几 | ❽ 名称：落地灯 |

图4-23 客厅配饰方案

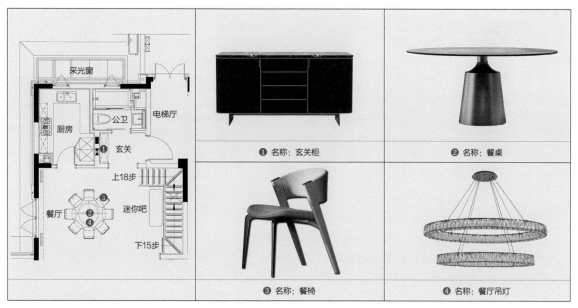

| ❶ 名称：玄关柜 | ❷ 名称：餐桌 |
| ❸ 名称：餐椅 | ❹ 名称：餐厅吊灯 |

图4-24 餐厅配饰方案

八、封底

　　封底版面要与封面和内页标题呼应，风格需要统一。封底通常比较简单，可以包括设计公司的联系信息、感谢或者版权信息等（图4-25）。

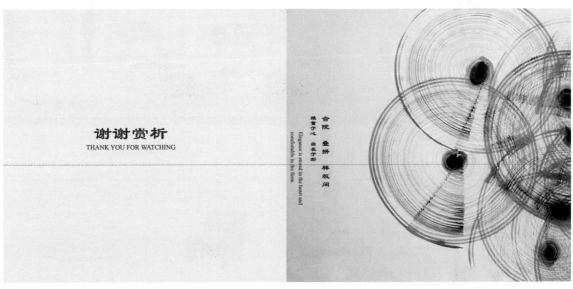

图4-25　封底

　　总的来说，软装陈设设计方案汇报的PPT设计非常重要，是设计理念的最终视觉呈现，需要专注于清晰传达信息，同时展示设计的专业性和美感。每一页都应该是整体故事的一部分，共同构成一个有说服力和吸引力的演示文稿。但是具体的呈现内容不拘泥于上面的呈现，还是要根据业主和项目的要求来完成。

本章总结

　　本章需要学生掌握选择和搭配家具、窗帘、地毯等软装元素的实际操作技能，包括对材质、色彩、尺寸和风格的深入理解和应用。能够有效地进行空间布局规划，包括家具的放置、流动路径的设计以及空间功能区的划分，确保空间既美观又功能性强。掌握绘图、3D建模和其他视觉呈现工具清晰表达设计意图的能力。

　　在面对预算限制、材料选择、供应链问题等实际约束时，如何灵活调整设计方案并解决出现的问题，是软装设计实践中的难点。同时将理论知识如设计原则、材料学、色彩学等有效地应用到实际项目中，确保设计既符合美学标准又具有高度的实用性，也是教学的难点。

课后作业

　　整合设计工作：包括设计概念、风格定位、色彩和材质选择、平面布局图，以及软装配置图等，确保所有元素协调一致，共同体现出设计理念。

　　准备PPT汇报：制作设计汇报方案PPT和设计展板，包含关键的设计图纸、材料样本、色彩方案等，以图像和文字的形式直观展示设计方案。确保视觉呈现内容清晰、有逻辑顺序，能够辅助口头汇报，更好地解释和展示设计方案。

反馈与修改：汇报结束后，仔细分析收集到的反馈，识别出需要改进或调整的方面。考虑哪些建议能够实质性地提升设计方案的质量和实用性。并根据反馈对设计方案进行必要的修改。

提交最终修订版：完成所有修改后，整理并提交最终的设计方案。确保提交的材料包含所有关键的设计文档和视觉呈现资料，清晰展示出最终设计方案的全貌。

通过以上步骤，学生不仅能够学习和实践软装陈设设计的整个流程，还能通过实际操作来提升自己的设计技能和审美观。教师应该鼓励学生进行创造性思考和个性化设计，同时提供指导和反馈，帮助他们不断进步。需要注意的是设计需要摆脱千篇一律的空间类型，应该通过大量的调研与设计维度的加入使得整个项目非常丰满，而不是简简单单地考虑空间功能。

思考拓展

资源链接：样板间软装方案

思考如何将当地文化、历史元素或者客户的文化背景融入设计中，创造具有故事性和文化深度的空间。

思考如何在美观、舒适和实用的基础上，提升设计的环境友好度。

思考如何通过科技提高居住的舒适度和便利性，同时创造更加个性化和互动的空间体验。

课程资源链接

课件、拓展资料

第五章

公共空间软装陈设设计实践特点

虽然设计流程在本质上具有一定的通用性，但是当面对不同的设计对象时，所需关注的细节和考虑的方面也会随之变化。在本章中，我们将专注于探讨公共建筑空间软装陈设设计的独特特点。相较于住宅空间，公共建筑空间在设计上呈现出不同的需求和挑战，包括但不限于空间的功能性、客户的商业目标以及品牌形象的传达等。深入理解这些独特特点，对于创造既实用又吸引顾客的商业空间至关重要。

第一节　办公空间软装陈设设计实践特点

办公环境泛指具有办公、会议和学习功能的场所。在空间布局上，它主要分为两大类：一是"封闭型"空间环境；二是"开敞式"空间环境。办公室设计不仅代表着企业形象，而且通过将公司理念与空间设计相融合，它传递着企业的价值观，建立起对外的第一印象。优质的办公室设计不仅能提高工作效率，还能减轻员工的工作负担，因此越来越多的业主开始重视办公室规划流程及其设计的重要性。

办公环境的软装陈设设计必须从室内环境的整体要求出发，创造出符合环境特性的办公环境。同时，也应注重经费的规划，旨在以较低的经济投入获得最佳的室内装饰效果。

一、适当的灯光与照明，提升工作舒适度

在办公室空间设计中，光线照明是关键要素之一。良好的办公室照明不仅能提升员工的工作效率，也增添了空间的设计感。办公室光线规划重点可分为自然采光和灯具两部分。在采光布局方面，建议将窗户3～6m范围内的区域划为采光区，并尽可能保持该区域空旷，以便自然光能穿透整个空间。在灯具选择方面，需要根据区域功能进行规划。例如，员工办公区可使用色温在4500～6000K的偏白光灯具，以提高员工的专注度；而在茶水间、办公室入口、员工休息区等非工作区域，可选用色温在3500～4500K的偏黄光灯具。这不仅能营造出更有层次的办公环境，偏黄的灯光也有助于缓解员工的工作压力（图5-1）。

二、色彩搭配与氛围营造

色彩搭配需根据企业文化和员工群体的喜好，可以通过合适的色彩搭配来营造舒适、温馨、专业的办公氛围，同时，色彩也可以用于区分不同工作区域的功能。选择适合的色彩搭配方案，可以提升员工的工作积极性和工作效率，同时增强企业的品牌形象和文化氛围（图5-2）。

水吧
30m²

图5-1

图5-3

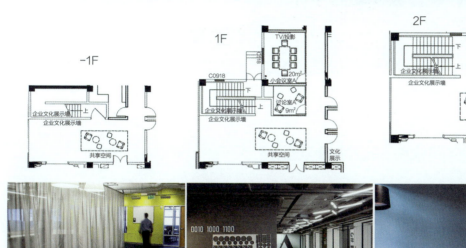

-1F

企业文化展示墙
企业文化展示墙

共享空间

1F

TV/投影

C0918

C0918

小会议室A

20m²

讨论室A
9m²

企业文化展示墙
企业文化展示墙

共享空间

文化
展示

2F

讨论室B
9m²

企业文化展示墙

企业文化展示墙

共享空间

0010 1000 1100

A

图5-2

图5-1　陆公园办公楼水吧空间设计
水吧设计利用了简洁现代的吊灯，提供了柔和且集中的照明，营造出放松且温馨的氛围。照明选择和布局旨在为休息和社交提供一个舒适的环境，同时保持了整个空间的明亮和开放感

图5-2　陆公园办公楼共享空间设计
陆公园办公室利用缤纷色块，不仅引导动线至不同空间，还规划了多个可供停留和讨论的角落，既满足共享办公空间的多样化需求，也体现了公司活泼的创意形象

图5-3　陆公园办公楼开敞办公室空间设计
办公空间设计强调实用与舒适相结合，配备人体工学椅和充足的储物空间，同时保持了整洁有序。充足的自然光和均衡的人工照明确保了视觉舒适，而地毯的使用则增加了行走的舒适度并降低噪音，创造了一个既专业又富有活力的工作环境

三、功能性和舒适度

　　办公空间的软装设计首先要满足员工的工作需求和舒适感。选择符合人体工程学的办公家具，确保员工在工作时有正确的姿势和良好的舒适度，同时设计舒适的休息区域和交流空间，为员工提供放松和社交的场所（图5-3）。

四、结合公司形象，展现企业价值观

　　办公室软装风格应基于公司性质和企业形象来安排设计，风格的确立不仅能增强员工的团队凝聚力，也能加深客户对企业的印象。可以根据企业的特色和文化，定制一些个性化的软装设计元素，如企业标识的装饰品、定制化的家具等，彰显企业的品牌形象和文化氛围（图5-4）。

图5-4　陆公园办公楼梯空间设计

楼梯旁的墙面以明亮的黄色数字"3"作为标识，与楼梯间的海洋主题元素图案形成鲜明对比，营造出一个充满活力和创意的工作环境。这种设计不仅明确了楼层信息，还以其独特的企业主题元素增添了空间趣味

第二节　酒店空间软装陈设设计实践特点

　　酒店会所的软装陈设设计致力于通过内部装饰和配饰策略，如家具、照明、窗帘、地毯和装饰品的巧妙布置，营造一个既愉悦又舒适的环境。这不仅显著提升了空间的舒适度和豪华感，还有力地强化了酒店会所的整体品牌形象，从而吸引更多客户。

1. 品牌和文化的融合

　　酒店会所的软装陈设设计必须与其整体风格保持协调一致。针对酒店会所的定位和主题，精心选择相应的装饰风格和材料至关重要。例如提炼出当地的地域元素及人文特征进行设计，是使酒店独树一帜的前提条件，满足了行走中的人们向往新鲜文化的需求，也更加契合当地民众的审美感受（图5-5）。

2. 功能与实用的结合

　　软装陈设设计需兼顾功能性与实用性。不同区域和用途的需求各异，因此家具和照明的合理安排显得尤为重要。如在休息区域，柔软的沙发和地毯可为客人提供舒适的休憩环境；在用餐区域，则应选择尺寸合适的餐桌椅以确保便捷的用餐体验（图5-6）。

3. 细节塑造精致品质

　　软装陈设设计中的细节处理尤为关键，决定了整体效果的精致程度。通过精选合适的配饰和装饰物，可以营造出独特而引人入胜的氛围。例如，在公共区域放置艺术品或花艺以增添艺术气息；在客房内摆放精致装饰物则能增加温馨感（图5-7）。

图5-5　亦乐接待酒店大厅软装设计

大堂中心软装设计结合鲜明的当地文化特色：山在城中，城在水中，人在园中，山、水、城融为一体，并用当代流行的材质来进行一场高雅的对话

图5-6　亦乐接待酒店大堂吧软装设计

设计中注重线条简洁和舒适的休息区，采用中性色调和柔和的照明，营造出优雅而宁静的氛围。整体布局和家具选择体现了现代设计的理念，强调功能性与美观的结合

图5-7　亦乐接待酒店茶室软装设计

宜兴阳羡茶历史悠久，并有"竹的海洋"之誉，在茶堂软装配置中作为文化符号以中国画的意境表现出来

图5-5

图5-6

图5-7

4. 色彩搭配的艺术

色彩搭配的重要性不容忽视，不同颜色能营造出各异的情感和氛围。软装设计中，应根据不同区域的功能和氛围选择相应颜色，如休闲区域的柔和色调可营造轻松氛围，而会议区域的活力色彩则有助于提升工作效率（图5-8）。

5. 软硬装的协调统一

软装陈设设计必须与硬装设计如墙面、地面和天花板等相协调，以打造完美和谐的酒店会所空间，给客人留下深刻印象。

综上所述，酒店会所的软装陈设设计是塑造其形象的关键要素之一。一个周到且精心策划的软装方案不仅提升住宿和用餐体验，也增强酒店会所的品牌知名度和市场竞争力。因此好的软装陈设设计的选择和实施能够确保酒店与整体形象和服务质量相得益彰。

图5-8 亦乐接待酒店餐饮包厢软装陈设设计

酒店餐饮包厢区域采用了温暖的中性色调作为基础，配以深色木纹的家具来增加深度和质感。灰色的墙面和米色的座椅提供了平和的背景，配合精选的装饰画和独特的照明装置营造出一种优雅、舒适且高端的用餐环境

第三节 商业空间软装陈设设计实践特点

一家商业空间的成功不仅依赖于优质的产品和服务，店面设计和空间氛围也是吸引顾客的关键要素之一。将品牌形象巧妙地融入空间设计中，可以成为提升店铺吸引力的重要因素。在商业空间软装陈设设计中，有三个关键设计要素。

一、设计核心：传递品牌故事和理念

设计的核心应是将公司或品牌的精神及理念融入整体空间中。这样的设计不仅加强品牌形象，还能让品牌的价值理念得到完美体现，打造出独一无二的设计风格（图5-9）。

Reception hall
接待大厅

落叶与湖面涟漪，绿洲与饮水羊羔，构建出一幅动态的画面，捕捉生活当中的美好与希冀，渲染并传递万物向上、生活向好的美好之感。
Along with the bubble and the green light forest dance, captures the good and the hope in the life, exaggerates and transmits all things upward, the life good feeling.

图5-9

图5-9　成都健康管理中心接待大厅软装设计

落叶与湖面涟漪，绿洲与饮水羊羔，构建出一幅动态的画面，捕捉生活中的美好与希冀，渲染并传递万物向上、生活向好的美好之感

图5-10　成都健康管理中心洽谈区软装设计

在洽谈区营造去销售化的模式，营造闲情逸致的氛围，调整了平面布局，空间上加入半透明屏风，保持空间整体外，又增加了一定的私密性

资源链接：成都健康管理中心软装设计方案

二、良好流畅的"动线设计"

商业空间需要满足工作和消费两种不同需求，因此设计师必须考虑如何让这两种活动在空间中和谐共存。在工作人员与顾客交互频繁的区域，更需仔细规划，以避免相互干扰。设计师应深入了解工作人员的日常业务流程，如前台接待、后台库存管理等，以确保店务运作的顺畅，同时不打扰到顾客。对于顾客而言，设计师需要考虑他们进入空间的目的，他们可能访问的区域，以及他们的活动流程，从而设计出优化顾客体验的动线，增强顾客的回访意愿（图5-10）。

Discuss area
洽谈区

在洽谈区营造去销售化的模式，营造闲情逸致的氛围，调整了平面布局，空间上加入了半透明屏风，保持空间整体外，又增加了一定私密性。
In the negotiation area to create a sales model, create an atmosphere of leisure, bubble will be the seeds of hope blown in the space, lead the customer's thoughts dream journey.

图5-10

三、针对"商品"或"服务"的空间规划

商业空间的核心是其所提供的商品或服务。对于销售实体商品的商家，通过陈列布置来突出商品特性，创造一个吸引顾客驻足并促进消费的环境至关重要；而提供服务的商家则应重点强调整体空间的氛围，营造一个让顾客感到舒适和放松的环境（图5-11～图5-13）。

图5-11　成都健康管理中心VIP——K2卧室软装设计
纯白色的空间最高程度地呈现出环境的洁净感，家具的弧度勾勒出空间的线条

图5-12　成都健康管理中心VIP——K2客厅软装设计
暖黄色营造出产后舒缓且具疗愈感的休养空间

图5-11

图5-12

K1——Bedroom
K1房型

K1

以清新的淡粉为主色代表着"温柔与纯真"的意涵，半弧形的元素贯穿家具、灯具、装饰画等整个空间，给予新生儿和孕妇满满的呵护。
The main color of natural green represents the meaning of "vitality", and the decorative painting around the ribbon symbolizes protection, giving newborns and pregnant women full care.

图5-13

图5-13 成都健康管理中心VIP
——K1卧室软装设计
以清新的淡粉色为主色，代表着"温柔与纯真"的含义，半弧形的元素贯穿家具、灯具、装饰画等整个空间，给予新生儿和孕妇满满的呵护感

本章总结

本章中学生们需要掌握公共空间软装陈设设计的重点，即实现功能性与舒适度的完美结合，同时强化空间的品牌形象传递。设计时需要考虑空间的多功能性，如办公、接待和休息等，确保每个功能区都能满足用户需求。此外，通过精心的色彩搭配、光线配置和家具选择，设计师不仅能提升空间的实用性和舒适度，还能通过细节反映企业文化和品牌价值。

公共空间软装陈设设计的难点主要体现在如何在有限的预算内达到最佳的设计效果，同时需兼顾美观、实用和文化传达。设计师需在成本控制和创意实现之间找到平衡，特别是在材料选择和空间布局上。此外，将现代设计趋势与地域文化元素巧妙融合，满足不同文化背景的用户审美，也是设计过程中的一大挑战。

课后作业

（1）设计分析。选择办公或酒店空间的设计案例，分析其如何通过软装陈设来提升空间功能性和舒适度。

（2）品牌形象研究。选择某一酒店空间的设计，探讨如何通过色彩搭配和家具选择反映一个酒店的品牌形象。

（3）动线规划案例研究。调研某商业空间，总结并论述设计师如何通过动线规划，优化顾客体验和员工工作流程。

思考拓展

思考如何在美观、舒适和实用的基础上，提升设计的环境友好度。

资源链接：苏州阳澄湖半岛办公室软装设计方案
常州吴宾馆二期艺术品方案

课程资源链接

课件、拓展资料

第三部分

软装陈设设计项目解析

第六章

项目解析

项目1 城市星光——复古法式风

项目名称：永皓鑫·定制家｜城市星光整案精装配套设计（图6-1~图6-5）

项目类型：住宅空间

项目地点：南京

设计公司：永皓鑫·定制家

设计总监：陈浩

设计团队：孙飞、田静、李蕾蕾、张昕妍、周亮云

建筑面积：143m²

主要材料：实木、地毯、大理石、壁纸、洞板

项目主题：精装复古法式风

住宅空间定义复古法式风格的软装陈设设计，追求浪漫、优雅和典雅的感觉，注重细节和对称美。空间巧妙地将法式复古风格与现代设计理念相结合，通过材质、色彩和家具的选择，以及精心挑选的装饰品，营造出一个既舒适又有品味的居住环境。

（1）整体布局。空间在布局上实现了厨房和餐厅的无缝连接，形成了一个开放式的生活空间，这种布局利于家庭互动和娱乐。

（2）法式护墙板。护墙板采用了简洁的直线和矩形框架设计，没有过多的雕花或复杂图案，这样的设计既保留了法式经典的优雅，又加入了现代简洁的元素，呼应了整个空间的设计感。

（3）色彩和材料。使用了低饱和度的色彩，以白色和米色为主，营造出简洁而温馨的氛围。大理石材质的使用为空间增添了一抹奢华感。

（4）家具。家具选择了简洁线条的设计，黑色的皮质沙发和深色的餐椅与光滑的地面形成鲜明对比，同时也呼应了复古元素。特别是绿色的绒面椅子，带有一点法式的曲线感，成为空间中的一处亮点。

（5）布艺。窗帘选择了浅色系，与整体空间的颜色保持一致，同时

图6-1 客餐厅空间

空间巧妙地融合了现代与复古法式风格的软装元素，展现出优雅与时尚的结合。复古元素体现在精致的吊灯和几何图案的地毯上，它们与现代的家具线条和中性的色彩调和，营造出一个既具历史韵味又不失现代舒适感的居住环境。独特的椅子设计、艺术品装饰，以及柔和的照明都强调了一种细腻而考究的生活态度，是对传统法式美学与现代设计理念的完美致敬

图6-2　餐厅空间

现代餐厅的设计，同时也注入了一些复古元素，如黑色的备餐台和金色复古拉手。台面上的花卉和水果为空间增添了生机。

餐桌吊灯由多个大小不一的圆形错落构成，在提供照明的同时，也是空间设计的一个艺术焦点。这些灯具以简约的设计和温暖的光线，增加了空间的现代感和温馨氛围

图6-3　主卧空间

床头板采用半高的护墙板延续客厅风格，采用了简洁的直线和矩形框架设计，床头板的细长垂直线条和床头柜的圆润形状暗示了法式设计中常见的曲线和柔和边缘。这些线条和形状提供了现代与传统的桥梁。金色的照明装置为现代空间增添了一丝法式的优雅

图6-4　主卧衣橱

整面圆拱形的衣橱门带来了法式的经典美感，而米白色调的墙壁与深色木地板的对比增添了层次感。家具设计简洁而精致，特别是带有圆形镜子的化妆台，透露出一股精致的法式风情。窗帘的柔美质感和桌上灯具的金色细节，则是对传统法式奢华的点睛之笔，营造出一个既舒适又有格调的私人空间

图6-2

图6-3

图6-4

提供了柔和的光线过滤效果。抱枕上的几何图案增加了空间的现代感。

（6）灯具。选择了现代感的吊灯与复古法式风格的壁灯，既满足照明需求，又作为装饰艺术品点缀空间。

（7）装饰品。采用了简约的装饰品，如玻璃花瓶中的鲜花，既不过分夺目也不会让空间显得过于拥挤。

（8）地毯。地毯上的几何图案为空间增添了一抹艺术感，同时也与其他软装元素如抱枕上的图案相呼应。

图6-5　男孩儿童房

男孩房间软装设计展示了一个充满活力且个性化的空间。色彩采用了中性色调为基底，如灰色和木质色，配以蓝色和黑色作为强调色，墙上挂着的钢铁侠现代艺术画作为房间的视觉焦点，展现了男孩的个性和兴趣。圆形地毯为房间增添了温馨感，并且为孩子提供了一个舒适的游戏或休息的区域，并增加了舒适性和空间层次感

项目2　景枫法兰谷——现代极简风

项目名称：永皓鑫·定制家｜景枫法兰谷设计（图6-6～图6-10）

项目类型：住宅空间

项目地点：南京

设计公司：永皓鑫·定制家

设计总监：陈浩

设计团队：孙飞、田静、李蕾蕾、张昕妍、周亮云

主要材料：橡木、地毯、大理石、壁纸、真皮

项目主题：现代极简风

设计师结合业主的喜好和需求，以其清晰的线条和中性色调展现出高级的简约美学。

（1）家具。家具选择了简洁的设计，如直线型的沙发和光滑的木质侧柜。沙发的灰色调与整个空间的色彩主题相协调。

（2）材料。大理石墙面，不仅在视觉上增加了质感，还带来了一种自然的奢华感。水泥质感的地面为现代极简风格的空间增添了一份工业美学的粗犷和质朴，它的灰色调与空间的其他元素——木材、大理石和金属装饰形成和谐的对比，同时也提供了一个平静的背景，使得色彩鲜艳的地毯和其他装饰品更加突出。木质元素的使用平衡了大理石的冷硬，增加了温暖感。

（3）颜色。空间以灰色、黑色和木质色调为主，创造了一个沉稳的环境。地毯上的蓝色和黄色增添了空间的色彩亮点。

（4）装饰。墙上的艺术品和桌上的花瓶与枝条等细节进行了精心挑选，不繁不杂，强调了极简风格的审美。

（5）照明。照明设计巧妙地避免了传统的主灯，转而采用了灯带、射灯和吊灯的结合，以提供照明并增强空间的设计感，使得空间看起来更为宽敞，天花板更为干净，并保证了空间功能和美学上的需求得到满足。

图6-6 视听空间

视听空间以其干净的线条和中性色调为特点，营造出一个优雅且功能性强的环境。木质元素的温暖质感与墙面和家具的简洁设计相结合，为空间提供了自然而柔和的美学基调。大屏幕电视的黑色背景墙与周围木材的暖色调形成对比，强调了技术与自然材料之间的和谐共存。舒适的沙发、简约的茶几以及装饰性花瓶中的植物，都巧妙地融入这一概念，确保空间既适合娱乐也适合放松。整体来说，这个空间展现了极简风格的核心——去除多余，专注于材质和形态的纯粹性

图6-7 客餐厅空间

空间通过材料和质感的层次混合，呈现了一种简约而温馨的生活氛围。天花板和墙面上的天然木材的温暖色调和纹理与冷硬的水泥质感瓷砖地面形成对比，而大理石的电视背景墙和厨房台面带来了一抹奢华。空间的焦点是一款具有木质元素的吊灯，它不仅为空间增添了设计感，也与其他现代金属细节相得益彰

图6-8 茶室休闲空间

茶室以其精致的极简主义设计理念融合了传统和现代元素，木质的墙面和家具营造出一种温暖而自然的氛围，而大理石壁炉和精致的悬挂灯具添加了一丝奢华感。房间内的布局以及植物的点缀传递了一种宁静和平和，提供了一个完美的空间以静心享受茶道的沉思和仪式感

图6-6

图6-7

图6-8

图6-9　主卧空间

卧室的设计以其精致的现代感和温馨的自然元素融合而成，其中深色木质的床头柜与皮质床靠与墙壁上的大理石纹理形成了高雅的对比，而抽象的壁画和黄金色的床头灯则为整个空间增添了一抹艺术和温暖的光辉。房间内的绿植点缀了一丝生机，细节之处体现出屋主对品质和舒适生活的追求

图6-10　餐厅空间

用餐区的墙面和装饰柜的暖色木质纹理提供了一个自然而柔和的背景，深色的几何形状摆件与背景的直线木条形成视觉对话，同时黄金色调的抽象画作为空间注入了动感和现代艺术的气息，不仅美化了空间，也反映了屋主的审美品味和对现代设计的追求。简洁的黑色餐椅与圆形餐桌相匹配，简约的玻璃花瓶中的绿植和白色花朵营造出优雅的用餐环境

项目3　蓝山逸居——经典美式

项目名称：永皓鑫·定制家｜芜湖蓝山逸居别墅（图6-11～图6-16）

项目类型：住宅空间

项目地点：芜湖

设计公司：永皓鑫·定制家

设计总监：陈浩

设计团队：孙飞、田静、李蕾蕾、张昕妍、周亮云

主要材料：胡桃木、铁艺、艺术涂料、壁纸、真皮、大理石、水晶

项目主题：经典美式风格

这个经典美式风格的住宅空间展示了豪华和精致的软装陈设设计，细

图6-11　餐厅空间

美式风格的客厅通过丰富的装饰细节和经典的家具设计传递出豪华和传统的感觉。深色的木制镶板墙面和雕刻精美的家具展现了一种经典的美式装饰风格，而华丽的吊灯和壁灯则增添了空间的贵族气息。客厅中央醒目的紫色兰花与深木色调形成对比，为这个典雅的环境带来一抹自然的颜色。整体设计中的每一件装饰品，包括壁上艺术品和小摆件，都细致地补充了这个空间的奢华美学

图6-12　书房空间

美式书柜整体设计强调了对称和精确的比例，传递出一种庄重和历史感，体现了传统设计的精髓，其用深色木材精心打造，并装饰有细致的雕刻和镶嵌工艺。书柜的玻璃门允许内部收藏品轻易被视而不见，同时金属的拉手为其增添了一抹典雅

图6-13

图6-15

图6-14

图6-16

图6-13　酒柜空间

一个精工细作的传统美式酒柜，其设计复杂且精致，充分体现了经典工艺的美感。胡桃木色、具有精细的雕刻和装饰性的梁柱，营造出浓厚的古典气息，柜门上的金属拉手和装饰件，以及复杂的镶板工艺都增加了酒柜的装饰性

图6-14　餐厅空间细节

经典的装饰性天花板上的凹面和装饰石膏线条增添了层次和深度，而嵌入式照明则为空间提供了光亮和现代感。复杂的门楣，以及墙壁上的精美镶板和家具与金色的装饰细节相结合，营造出了一种优雅而传统的氛围。楼梯的古铜色的隔挡则更衬尊贵，整个空间是对经典豪宅设计的一次精心致敬

图6-15　楼梯空间

楼梯扶手、墙裙和门套展现了精美的木工艺和古典设计。深色的木质楼梯扶手雕刻精细，与墙裙和门套的同色调木材形成和谐的视觉连贯性。墙裙上复杂的线条和图案增加了墙面的装饰性，同时起到保护墙面免受损害的作用。门套则用同样精细的木质框架勾勒出门洞，增添了空间感和深度。整个设计传达一种经典的豪华感，反映了对传统细节的重视和对质感的追求

图6-16　入口玄关空间

精心设计的水族箱成为入户空间中的焦点。这个大型水族箱被巧妙地嵌入式墙壁中，周围是经典的木质镶板，其上部和侧面装饰有精美的木工细节和装饰线条。水族箱不仅提供了动态的视觉享受，丰富多彩的海洋生物为室内环境增添了生机。上方的天花板采用了间接照明，营造出柔和而舒适的光环境，而地面的瓷砖与整体的豪华装饰风格相匹配。整个布局体现了对细节的关注和一种整合自然美的设计理念

节透露出一种温馨而又正式的气氛。

（1）家具。采用了传统的美式雕花家具，如深色的真皮沙发和精雕细琢的木制边柜，体现了经典的手工艺和奢华感。

（2）照明。金色的水晶吊灯和墙壁上的壁灯作为空间的明亮点，提供了丰富的灯光效果，同时也是空间装饰的重要组成部分。

（3）色彩。深胡桃木色与墙面的大理石装饰形成对比，营造了一种经典而富有层次的视觉效果。

（4）装饰品。墙上的艺术画作、桌面上的花瓶和雕塑品，以及其他装饰小物，都精心挑选以匹配这种豪华风格。

（5）窗饰。采用了华丽的窗帘，增加了空间的质感和隐私性。

（6）纹理与材料。真皮、木材、大理石和水晶等材质的混合使用，增加了空间的丰富性和奢华感。

项目4 金炙板前——悬浮的"船"

项目名称：金炙板前嘉里中心店（图6-17～图6-21）

项目类型：餐饮空间

项目地点：上海 静安区

设计公司：弹性工作室、研极设计

设计总监：谭晨、张文侃

设计团队：郭艳琴（项目主管）、牧之、李正志、徐婷、刘占雨

主要材料：橡木、黑钛镜面不锈钢、艺术涂料、青石砖、小黑砖、仿金属砖、深色水泥砖、金属丝网

项目主题：悬浮的"船"

你必须活在当下，乘着每一个波浪前行，在每一刻找到你的永恒。——梭罗

图6-17 吧台区域

设计师利用船身的概念来做一个弧形天花造型。虽然整个吧台区域的造型压低了空间的高度，但是大面积的弧形线条反而让整个空间更加简洁大气，从远处就能一眼看到，也成为店铺一个独特的标志。如同乘船浮于海面上，惊涛骇浪之后的深邃宁静，希望来到此处用餐的人们也能暂时抛开纷扰，享受这一刻的宁静自由时光

图6-18 吧台凹凸空间

吧台整体做了内凹造型，不仅仅增加了座位数量，也打破了一条直线吧台形式的单调性，使得空间不那么狭窄。为了不让内凹区域的天花显得过于压迫，将其内凹处安装软膜发光，亦是一种水下船底看水面的意境

图6-19　入口过道空间

过道区域采用黑钛镜面不锈钢，在视觉上拉伸了空间的层高。整个空间使用杉水木色与暖色灯光相呼应，利用灯带给空间带来朦胧美感。无论是照应着"船身"的天花灯带，还是隐约的贴地灯带都营造了整个空间的氛围，都使得人们更愿意将视线放在眼前的佳肴上

图6-20　店面品牌标志

在空间中，店铺的标志起着核心的视觉作用，其背后的光源不仅使标志本身成为焦点，也提供了一种温馨的照明效果，营造出迎接和尊重顾客的气氛。标志的设计简洁而现代，与整个空间的木质材质和柔和的灯光相得益彰。在这样的环境中，品牌的形象被有效传达，同时也为顾客带来了温暖和属于这个品牌独特的体验

图6-21　空间细节

用餐空间以其内凹的"船身"设计和精致的软装呈现了一种现代而独特的美学。木材的温暖色调和流线型的天花板设计创造了一种舒适和包容的感觉，营造一种集中的社交氛围。柔和的照明与木质元素相结合，营造出温馨的光线效果，强调了空间的线条和材质。精选的家具，如皮质座椅，以其优雅的形状和舒适的质地，进一步增强了这个空间的设计感和使用体验。整个空间的设计思路着重于材料的自然质感和整体的和谐统一，为享受美食提供了一个既现代又有品味的环境

图6-19

图6-20

图6-21

项目5　山崎面包——山丘错叠

项目名称：山崎面包久光中心店（图6-22~图6-26）

项目地点：上海

项目面积：163m²

业主单位：上海山崎面包有限公司

设计公司：弹性工作室

设计总监：谭晨、张文侃

设计团队：杨育杭、牧之、潘琛杰

主要材料：洞石、松木多层板、真石漆、硅藻泥、拉丝不锈钢

山崎的门店一直以日式温馨为主，在大宁这样一个年轻活力的板块，在传达山崎一贯的理念基础上，加入一些新的元素，更贴近现在年轻消费群体。

富士山是日本精神文化的象征，山也代表了力量、坚韧与永恒。由此以"山丘"为空间设计的主题，运用三角形、梯形等几何体块来设计空间。空间主体沿用了标志的红色作为主色调，辅以选用纹路较为夸张的松木纹作为展示柜和桌椅的材质。

大体块的天花以及线条让整个空间更加干练简洁，中心收银吧台以及桌椅、蛋糕柜的形态均从山丘中获得灵感。吧台由抽象的山形所演化，设计师将其从中切开，分别得到上下两个体块，下半部分为红色洞石的收银吧台，上半部分则为海报展示。

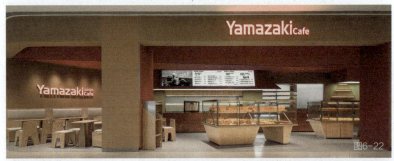

图6-22

图6-23

图6-22　门面设计

店面采用大胆的红色调强调天花板和柜台区域，与自然木纹的桌椅形成鲜明对比，营造出一个温暖而有气氛的用餐环境。木质家具的简洁线条和几何形态与整体空间的现代感相协调，墙上的店名使用了立体字母，为这个简约空间增添了一抹活力和品牌识别。整个空间设计表达了一种轻松和欢迎的氛围，邀请顾客在现代简洁的环境中享受美食

图6-23　收银台空间

大体块的天花以及线条让整个空间更加干练简洁，中心收银吧台以及桌椅、蛋糕柜的形态均从山丘中获得灵感。吧台由抽象的山形所演化，设计将其从中切开，分别得到上下两个体块，下半部分为红色洞石的收银吧台，上半部分则为海报展示

图6-24

图6-24　收银台空间一侧

三角形和梯形的几何体块在这里不仅代表了力量、坚韧与永恒，也形成了一种动态的视觉效果。灯光沿着这些几何形状的边缘流动，强调了形状的轮廓并且为空间增添了进深感

图6-25　店面空间

室内设计采用温暖而有气氛的色调，是现代极简风格的典型代表。木质的家具和装饰构件创造出连贯的有机感觉，而柜台和座位区域圆润的边角增添了柔和与亲切感。面包的名称在对比鲜明的背景上突出展示，成为空间的焦点，加强了品牌辨识度。整体设计简洁高效，以清晰的线条和开放的布局促进动线和互动，反映出一种重视功能性和简约美学的当代设计理念

图6-26　空间细节

空间细节透露着设计的精巧和对材质的考究。木制家具的纹理清晰，展现了自然材料的未经雕琢的美，而家具的简洁线条则体现了现代设计的精神。橙红色的墙面或装饰带来温暖的色彩对比，增添了空间的活力和层次。金属结构件的细部工艺，如焊点和连接方式，不仅确保了家具的稳定性，也展现出工业美学感。这些细节共同营造出一个既实用又有审美价值的环境

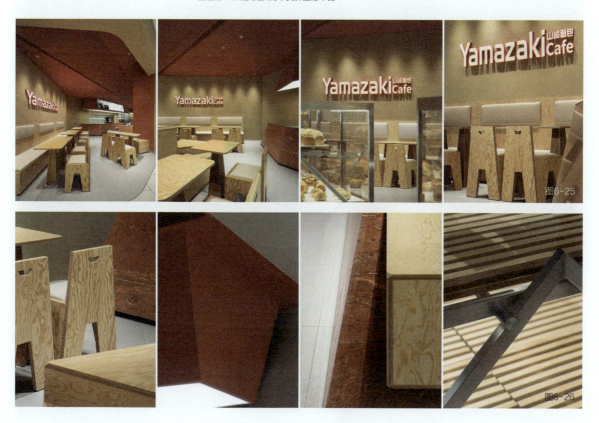

图6-25

图6-26

项目6　WOKKA by艮上——自由之地

项目名称：WOKKA by艮上（图6-27～图6-32）

项目类型：餐饮空间

项目地点：上海

设计公司：弹性工作室

设计总监：谭晨、牧之

设计团队：李正志、郭艳琴、李超、刘占雨

主要材料：榆木板、桦木板、3M榆木膜、流水石、硅藻泥、青砖、夹丝玻璃、磨砂夹丝玻璃、拉丝不锈钢、镜面玻璃

餐厅位于上海新天地板块的环宇荟广场，毗邻马当路。原品牌主打日式简餐+下午茶，虽产品力不错也有一批固定的客群，但业态经营不清晰、客席数较少，同时整体装饰也面临老化的问题。于是品牌进行了全方位的升级，业态上转变为更受附近上班族喜爱的西餐厅模式，因此在设计上也做了颠覆性的改动。

图6-27　外出入口空间

整个空间坚守朴素、简约、实用的原则，所以设计上摒弃了虚华的装饰。为了区别于周边的店铺，沿街立面的设计则是采用了较为克制的手法，大面积白色流水石搭配小青砖，是整个建筑立面的主要元素，在热闹的临街商铺中显得简洁素雅。以简单质朴的材料为主，纹理清晰的榆木，暖色系的硅藻泥涂料，以及户外使用的青砖，让人们能够深刻地感受到材料本身赋予的美

图6-28　餐厅入口

大面积的开窗使得餐厅室内外空间相互交融，最大限度地将自然光引入室内的同时，也不遮挡室内外人群的视线，创造出一种"看"与"被看"的视觉关系。设计师在外摆区加入了许多绿植，以此来营造绿意盎然的氛围，同时定制的绿植盒也起到了界定营业范围的围挡功能

图6-27

图6-28

图6-29　餐厅内外交界

在空间属性上，将餐厅翻折窗区域视为户外空间来处理，通过材质的选择和处理，使其与自然环境更加贴合，并表达对自然的亲和情感。地面采用了户外使用的小青砖，其未经修饰的分缝营造出一种自然质朴的感觉。墙面选择了榆木作为装饰材料，这种木材常用于户外环境。此外，设计师特意将这个区域的天花设计得较为低矮，以扩大翻折窗区域的台面来弱化内外界限

图6-30　餐厅内部空间

开放式的空间布局中，室内天花净高为4.5m。为了最大化利用层高优势，设计师利用不同的天花高度来划分不同的区域——吧台区和就餐区。不同立面高度的设计也增加了空间层次感，同时滑动式的照明系统则隐藏在天花造型的立面，视觉上让天花更为干净简洁。墙面上的抽象艺术作品为空间增添了个性和文化氛围，而墙壁和家具的木质面板则带来温馨舒适的感觉

图6-31　过道空间

过道是两个区域之间的过渡，设计师在过道的天花上采用了万花镜的元素，通过不同角度镜面的折射，将两个主要区域融合，让空间更为统一和谐，并创造出一种独特的视觉效果。这种设计不仅令人惊奇，也在提升空间体验的同时增添了互动性。镜面的反射和折射扩大了空间感，同时也抓住了光影的变化，为顾客带来不断变化的视觉景观。木质元素的温暖感与万花镜冷静的现代感形成了对比，共同营造了一个既舒适又具有现代艺术氛围的用餐环境

图6-29

图6-30

图6-31

图6-32　内部软装细节

由于空间的设计围绕着自然和轻松的调性展开，许多软装饰品也都是与业主共同挑选，其中包括绿色基调的餐具、轻松休闲的挂毯、位于空间中心的幸福树，以及款式多样的桌椅和多种类型的艺术灯具。同时空间中加入了足够多的插座点位以满足移动办公所需，对于餐厅来说这无疑是有所牺牲的，经过多次和业主沟通之后最终还是保留了这些点位，希望可以给来来往往的人们创造一个惬意放松的空间

图6-32

本章总结

重点

对于学生而言，软装陈设设计项目的重点在于深入理解空间的功能需求和美学目标，并将这些需求与设计理念融合，创造出既实用又美观的空间。学生需要掌握相关基本理论，包括色彩学、材质学和风格历史，以及如何将软装元素结合起来，讲述一个和谐的设计故事。

难点

将对设计案例理论的理解转化为实际设计情境的指导，对学生来说是最大的难点，特别是在有限的预算和实际约束下创造出具有吸引力的设计方案。此外，保持创新同时尊重客户的品味和需求，以及通过视觉呈现工具（如模型、草图或3D渲染）准确传达设计意图，也是学生们常遇到的挑战。

课后作业

设计分析报告：选择一个公共空间或住宅软装案例进行分析。报告应包括对空间布局、颜色方案、材料使用、家具选择、照明设计、装饰品与艺术品的应用等方面的详细描述和评价。

实地考察：调研一个设计精良的软装空间，如家具展厅、酒店大堂或装修完毕的住宅，并撰写体验报告，重点描述空间设计如何影响使用者的感官和情绪。

趋势研究：研究当前的设计趋势，并预测未来可能的发展方向。学生可以通过杂志、设计博客或行业报告来完成此项作业，并提交一份包含可视化参考的报告。

思考拓展

案例研究：选择一家知名的室内设计公司或独立设计师，研究其作品集并分析其设计哲学、特点和成功的案例。

观察日常：在日常环境中寻找设计元素，记录好的设计和不足之处，思考如何改进。

室内设计领域有许多著名设计师和建筑师，他们都留下了各自关于设计哲学的经典语录。这些语录往往启发人们对于美、功能与空间的深层思考，请同学们思考和分析以下名言。

（1）阿尔伯特·哈德利："设计是由光和影定义的，合适的照明极其重要。"

（2）贝聿铭："让光线来做设计。"

（3）密斯·凡得罗："少即是多。""少"，不是空白而是精简；"多"，不是拥挤而是完美。

（4）勒·柯布西耶："风格是原则的和谐，它赋予一个时代所有的作品以生命，它来自富有个性的精神。我们的时代正每天确立着自己的风格。不幸，我们的眼睛还不会识别它。"

（5）勒·柯布西耶："房子是用来居住的机器。"

希望通过这些拓展，学生能够巩固和拓展课堂学习的内容，并能培养自主学习和批判性思考的能力。

课程资源链接

课件

参考文献

[1] 李亮. 软装陈设设计［M］. 南京：江苏凤凰科学技术出版社，2018.

[2] （英）劳森. 家具设计：世界顶尖设计师的家私设计秘密［M］. 李强，译. 北京：电子工业出版社，2015.

[3] （日）大岛健二. 住宅细节解剖书［M］. 董方，译. 海口：南海出版社，2016.

[4] 理想·宅. 家装配色＋软装陈设实用图典. 中式风格［M］. 北京：北京希望电子出版社，2018.

[5] 严建中. 软装设计教程［M］. 南京：江苏人民出版社，2013.

[6] 李佩芳. 软装设计师养成指南［M］. 南京：江苏凤凰科学技术出版社，2022.

[7] 李江军. 软装陈设技法［M］. 南京：江苏凤凰科学技术出版社，2022.

[8] 唐茜，陈彦彤，米锐. 艺术与设计系列——软装与陈设设计［M］. 北京：中国电力出版社，2020.

[9] （美）露西·马丁. 室内设计师专用灯光设计手册［M］. 唐强，译. 上海：上海人民美术出版社，2012.

[10] （美）伊莱恩·格里芬. 设计准则［M］. 张加楠，译. 济南：山东画报出版社，2011.

[11] （美）约翰·派尔. 世界室内设计史［M］. 刘先觉，译. 北京：中国建筑工业出版社，2003.

[12] 吴永刚. 花间世：中式古典插花（汉竹）（精）［M］. 南京：江苏凤凰科学技术出版社，2023.

[13] 霍康，林绮芬. 布艺搭配分析［M］. 南京：江苏凤凰科学技术出版社，2022.

[14] 赵国斌. 室内陈设艺术与表现［M］. 沈阳：辽宁美术出版社，2020.